하루 한장 쏙셈

개념과 연산 원리를
집중 훈련하는
쏙셈 영역 학습서

분수

KB101439

1권

초등학교 **3~4**학년

1권

초등학교 3~4학년

WRITERS

미래엔콘텐츠연구회
No.1 Content를 개발하는 교육 전문 콘텐츠 연구회

COPYRIGHT

인쇄일 2023년 12월 1일(1판4쇄)
발행일 2022년 11월 1일

펴낸이 신광수
펴낸곳 ㈜미래엔
등록번호 제16-67호

융합콘텐츠개발실장 황은주
개발책임 정은주
개발 장혜승, 박지민, 이유진, 박새연

디자인실장 손현지
디자인책임 김병석
디자인 이진희

CS본부장 강윤구
CS지원책임 강승훈

ISBN 979-11-6841-396-2

머리말

유진이는 어제 케이크 $\frac{1}{2}$조각을 먹었어요.

선하는 $1\frac{2}{3}$시간 동안 책을 읽었어요.

승훈이가 $\frac{5}{6}$km를 달렸어요.

$\frac{1}{2}$, $1\frac{2}{3}$와 같은 수는 분수예요.

분수는 생긴 모양이 자연수와 달라서 친구들이 어려워하지만
생활 주변에서 많이 쓰이는 수들이에요.
그래서 개념을 정확하게 알고 사용해야 해요.

하루 한장 쏙셈 분수는
교과서에서 다루는 분수 내용만 쏙 뽑아
개념을 쉽게 정리하고 문제를 알차게 넣었어요.
우리 친구들이 하루 한장 쏙셈 분수를 통해
수학이 재미있어지고 실력도 한층 성장하길 바랍니다.

구성과 특징

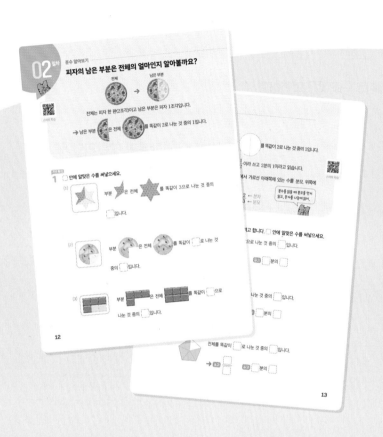

개념
학습

기본 개념 익히기

> 학습 내용을 그림이나 도형 등을 이용해 시각적으로 표현하여 이해를 돕습니다.

> 개념 확인 문제를 풀면서 학습 개념을 익힙니다.

> 스마트 학습을 통해 조작 활동을 하며 개념을 효과적으로 이해할 수 있습니다.

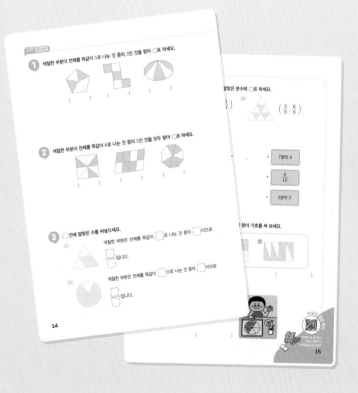

기본
다지기

다양한 유형의 문제 풀기

> 학습한 개념을 다질 수 있는 다양한 유형의 문제를 풀어 봅니다.

> 문장제 문제를 풀면서 응용력을 기를 수 있습니다.

> QR코드를 찍어 직접 풀이를 보며 정답을 확인할 수 있습니다.

『하루 한장 쏙셈 분수』로
이렇게 학습해요!

1
어려운 개념을
쉽게!

많은 학생들이 자연수와는 다른 형태의 분수를 어려워합니다.
『하루 한장 쏙셈 분수』는 어려운 개념을 그림으로 설명하고 스마트 학습을 통해 직접 조작하며 쉽게 이해할 수 있습니다.

2
연결된 개념을
집중적으로!

분수는 3~6학년에 걸쳐 배우므로 앞에서 배운 내용을 잊어버리기도 합니다.
『하루 한장 쏙셈 분수』는 분수의 개념과 연산을 연결하여 집중적으로 학습할 수 있습니다.

3
중학 수학의 기초를
탄탄하게!

초등 과정의 분수는 중학교에서 배우는 유리수, 문자와 식 등으로 연계됩니다.
『하루 한장 쏙셈 분수』는 기본 실력을 탄탄하게 키워 중학교 수학도 거뜬하게 해결할 수 있습니다.

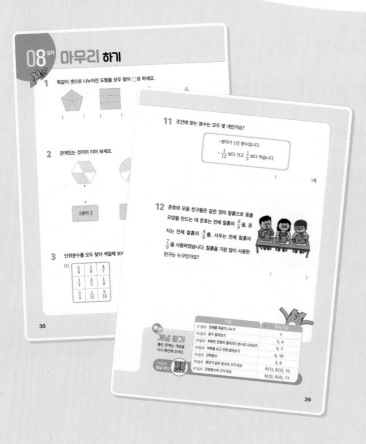

마무리 하기

배운 내용 점검하기

- 배운 내용을 정리하고 얼마나 잘 이해하였는지 점검해 봅니다.
- 응용된 문제를 풀면서 수학적 사고력을 키울 수 있습니다.
- 틀린 문제는 개념을 다시 확인하여 부족한 부분을 되짚어 볼 수 있도록 안내합니다.

하루 한장 쏙셈
분수

차례

1장
분수 알아보기

역수!!!

2장

분수의 덧셈과 뺄셈

어~흥~!!

스마트 학습으로
분수·소수의 개념 원리를
재미있게 배울 수 있어요!

- 자르고 색칠하고 이동하는 조작 활동을 통해 개념을 이해해요.
- 개념 학습에서 이해한 원리를 적용하여 문제를 풀이해요.

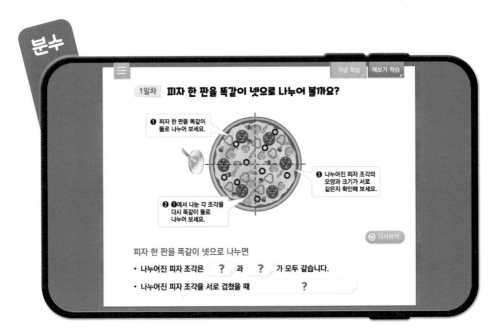

분수

1일차 **피자 한 판을 똑같이 넷으로 나누어 볼까요?**

개념 학습 해보기 학습

❶ 피자 한 판을 똑같이 둘로 나누어 보세요.

❸ 나누어진 피자 조각의 모양과 크기가 서로 같은지 확인해 보세요.

❷ ❶에서 나눈 각 조각을 다시 똑같이 둘로 나누어 보세요.

다시하기

피자 한 판을 똑같이 넷으로 나누면
- 나누어진 피자 조각은 ? 과 ? 가 모두 같습니다.
- 나누어진 피자 조각을 서로 겹쳤을 때 ?

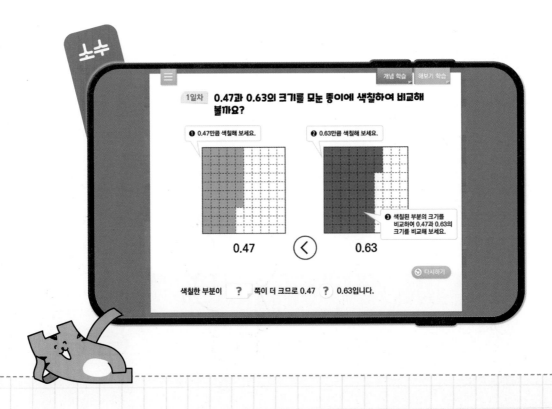

소수

1일차 **0.47과 0.63의 크기를 모눈 종이에 색칠하여 비교해 볼까요?**

개념 학습 해보기 학습

❶ 0.47만큼 색칠해 보세요.

❷ 0.63만큼 색칠해 보세요.

0.47   ‹   0.63

❸ 색칠된 부분의 크기를 비교하여 0.47과 0.63의 크기를 비교해 보세요.

다시하기

색칠한 부분이 ? 쪽이 더 크므로 0.47 ? 0.63입니다.

1장

분수 알아보기

공부 계획

피자 한 판을 똑같이 넷으로 나누어 볼까요?

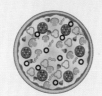 → 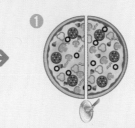 →

❶ 피자 한 판을 똑같이 둘로 나눕니다.

❷ ❶에서 나눈 각 조각을 다시 똑같이 둘로 나눕니다.

→ 피자 한 판을 똑같이 넷으로 나누면

- 나누어진 피자 조각은 모양과 크기가 모두 같습니다.
- 나누어진 피자 조각을 서로 겹쳤을 때 완전히 겹쳐집니다.

나누어진 조각의 모양과 크기가 서로 같으면 똑같이 나누어진 거야.

개념 확인

1 똑같이 나누어진 파이를 찾으려고 합니다. 물음에 답하세요.

(1) 똑같이 둘로 나누어진 파이를 찾아 ○표 하세요.

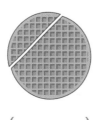 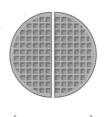 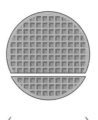

(   )   (   )   (   )

(2) 똑같이 넷으로 나누어진 파이를 찾아 ○표 하세요.

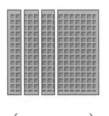 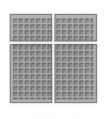 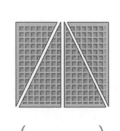

(   )   (   )   (   )

스마트 학습

1 똑같이 나누어진 떡을 모두 찾아 ◯표 하세요.

(1)

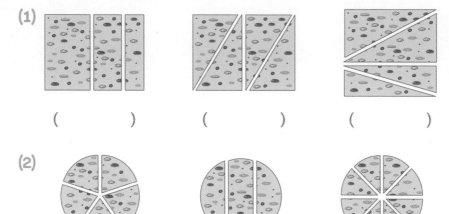

(   )   (   )   (   )   (   )

(2)

(   )   (   )   (   )   (   )

2 똑같이 셋으로 나누어진 도형을 찾아 기호를 써 보세요.

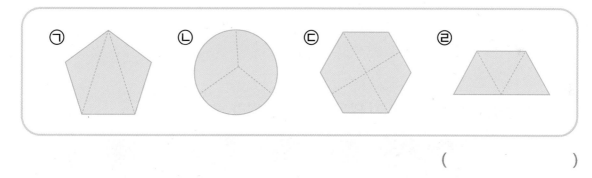

(   )

3 똑같이 넷으로 나누어진 도형을 찾아 기호를 써 보세요.

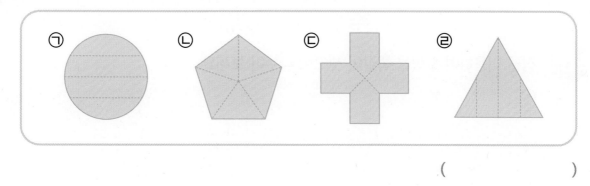

(   )

4 똑같이 나누어진 도형을 모두 찾아 ○표 하세요.

(1)

(　　　　　)　　　　　(　　　　　)　　　　　

(　　　　　)　　　　　

(　　　　　)

(2)

(　　　　　)

(　　　　　)

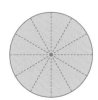

(　　　　　)

(　　　　　)

(3)
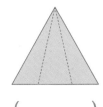

(　　　　　)

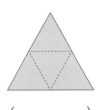

(　　　　　)　　　　　(　　　　　)　　　　　(　　　　　)

5 똑같이 셋으로 나누어지지 않은 것은 어느 나라 국기인가요?

독일

이탈리아

콜롬비아

프랑스

(　　　　　　　　　)

6 점을 이용하여 도형을 똑같이 셋으로 나누어 보세요.

(1)

(2)
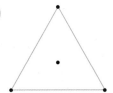

7 점을 이용하여 도형을 똑같이 넷으로 나누어 보세요.

(1)

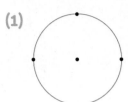

(2)

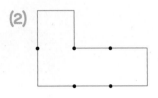

8 선을 그어서 도형을 똑같이 나누어 보세요.

(1)

똑같이 둘로 나누기

(2)

똑같이 넷으로 나누기

9 정사각형을 두 가지 방법으로 똑같이 넷으로 나누어 보세요.

방법①

방법②

10 호두 파이를 다음과 같이 똑같이 나누었습니다. 호두 파이를 똑같이 몇으로 나눈 것인가요?

(   )

피자의 남은 부분은 전체의 얼마인지 알아볼까요?

전체　　　　　　남은 부분

　→　

전체는 피자 한 판(2조각)이고 남은 부분은 피자 1조각입니다.

→ 남은 부분  은 전체 를 똑같이 2로 나눈 것 중의 1입니다.

개념 확인

1 ☐ 안에 알맞은 수를 써넣으세요.

(1)

부분 은 전체 를 똑같이 3으로 나눈 것 중의

☐ 입니다.

(2)

부분 은 전체 를 똑같이 ☐ 로 나눈 것

중의 ☐ 입니다.

(3)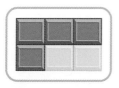

부분  은 전체 를 똑같이 ☐ 으로

나눈 것 중의 ☐ 입니다.

분수를 알아볼까요?

 에서 부분 은 전체 를 똑같이 2로 나눈 것 중의 1입니다.

전체를 똑같이 2로 나눈 것 중의 1을 $\dfrac{1}{2}$이라 쓰고 **2분의 1**이라고 읽습니다.

스마트 학습

$\dfrac{1}{2}$, $\dfrac{2}{3}$와 같은 수를 **분수**라 하고 분수에서 가로선 아래쪽에 있는 수를 **분모**, 위쪽에 있는 수를 **분자**라고 합니다.

$$\dfrac{1 \leftarrow \text{분자}}{2 \leftarrow \text{분모}} \qquad \dfrac{2 \leftarrow \text{분자}}{3 \leftarrow \text{분모}}$$

> 분수를 읽을 때 분모를 먼저 읽고, 분자를 나중에 읽어.

개념 확인

2 색칠한 부분을 분수로 쓰고, 읽어 보려고 합니다. ☐ 안에 알맞은 수를 써넣으세요.

(1)

전체를 똑같이 3으로 나눈 것 중의 ☐입니다.

 쓰기 $\dfrac{☐}{☐}$ 읽기 ☐분의 ☐

(2)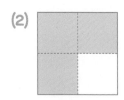

전체를 똑같이 ☐로 나눈 것 중의 ☐입니다.

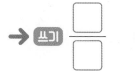 쓰기 $\dfrac{☐}{☐}$ 읽기 ☐분의 ☐

(3)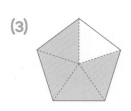

전체를 똑같이 ☐로 나눈 것 중의 ☐입니다.

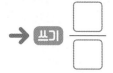 쓰기 $\dfrac{☐}{☐}$ 읽기 ☐분의 ☐

1 색칠한 부분이 전체를 똑같이 5로 나눈 것 중의 3인 것을 찾아 ◯표 하세요.

   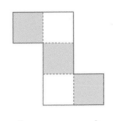   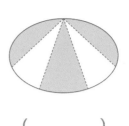

(   )   (   )   (   )

2 색칠한 부분이 전체를 똑같이 8로 나눈 것 중의 5인 것을 모두 찾아 ◯표 하세요.

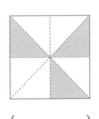   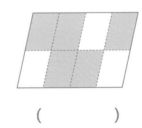   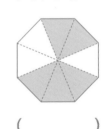

(   )   (   )   (   )

3 ☐ 안에 알맞은 수를 써넣으세요.

(1)    색칠한 부분은 전체를 똑같이 ☐로 나눈 것 중의 ☐이므로

$\dfrac{☐}{☐}$입니다.

(2)    색칠한 부분은 전체를 똑같이 ☐으로 나눈 것 중의 ☐이므로

$\dfrac{☐}{☐}$입니다.

4 색칠한 부분은 전체의 얼마인지 알맞은 분수에 ○표 하세요.

(1)  $\left(\dfrac{3}{8} , \dfrac{5}{8} \right)$

(2) 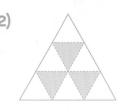 $\left(\dfrac{3}{9} , \dfrac{6}{9} \right)$

5 관계있는 것끼리 이어 보세요.

전체를 똑같이 3으로 나눈 것 중의 2	•	•	7분의 4
전체를 똑같이 7로 나눈 것 중의 4	•	•	$\dfrac{8}{10}$
전체를 똑같이 10으로 나눈 것 중의 8	•	•	3분의 2

6 색칠한 부분이 나타내는 분수가 다른 하나를 찾아 기호를 써 보세요.

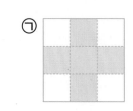  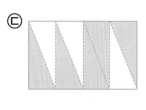

( )

7 정우는 똑같이 6조각으로 나누어진 피자 중에서 3조각을 먹었습니다. 정우가 먹은 피자는 전체의 얼마인지 분수로 나타내 보세요.

( )

03 일차 부분은 전체의 얼마인지 분수로 나타내기

사각형을 $\frac{2}{4}$ 만큼 색칠해 볼까요?

스마트 학습

 → 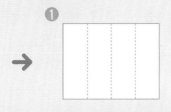 →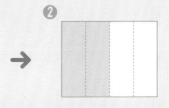

❶ 사각형을 똑같이
4로 나눕니다.

❷ 4로 나눈 것 중의
2만큼 색칠합니다.

참고 $\frac{\blacktriangle}{\blacksquare}$ 는 전체를 똑같이 ■ 만큼 나누고 그중 ▲ 만큼 색칠한 것입니다.

개념 확인

1 주어진 분수만큼 색칠해 보세요.

(1) $\frac{1}{2}$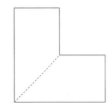

(2) $\frac{2}{3}$

(3) $\frac{3}{4}$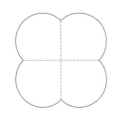

(4) $\frac{4}{5}$

(5) $\frac{1}{5}$

(6) $\frac{3}{6}$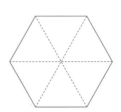

16

색칠한 부분과 색칠하지 않은 부분을 분수로 나타내 볼까요?

- 전체를 똑같이 나눈 수: 4
- 색칠한 부분의 수: 3
- 색칠하지 않은 부분의 수: 1

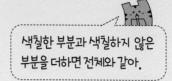

색칠한 부분과 색칠하지 않은 부분을 더하면 전체와 같아.

스마트 학습

→ 색칠한 부분은 전체를 똑같이 4로 나눈 것 중의 3이므로 $\dfrac{3}{4}$ 입니다.

색칠하지 않은 부분은 전체를 똑같이 4로 나눈 것 중의 1이므로 $\dfrac{1}{4}$ 입니다.

개념 확인

2 색칠한 부분과 색칠하지 않은 부분을 분수로 나타내려고 합니다. ▢ 안에 알맞은 수를 써넣으세요.

(1)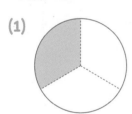

- 전체를 똑같이 나눈 수: 3
- 색칠한 부분의 수: 1 ・색칠하지 않은 부분의 수: ▢

→ 색칠한 부분: 전체의 ▢ , 색칠하지 않은 부분: 전체의 ▢

(2)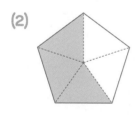

- 전체를 똑같이 나눈 수: 5
- 색칠한 부분의 수: ▢ ・색칠하지 않은 부분의 수: ▢

→ 색칠한 부분: 전체의 ▢ , 색칠하지 않은 부분: 전체의 ▢

(3)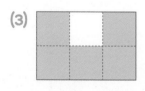

- 전체를 똑같이 나눈 수: ▢
- 색칠한 부분의 수: ▢ ・색칠하지 않은 부분의 수: ▢

→ 색칠한 부분: 전체의 ▢ , 색칠하지 않은 부분: 전체의 ▢

1 $\frac{5}{7}$ 만큼 색칠하려고 합니다. 몇 칸을 더 색칠해야 할까요?

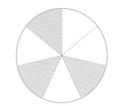

(   )칸

2 남은 부분과 먹은 부분을 각각 분수로 나타내 보세요.

(1)

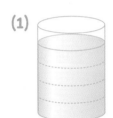

남은 부분은 전체의 [   ] 입니다.

먹은 부분은 전체의 [   ] 입니다.

(2)

남은 부분은 전체의 [   ] 입니다.

먹은 부분은 전체의 [   ] 입니다.

3 색칠한 부분과 색칠하지 않은 부분을 각각 분수로 나타내 보세요.

(1) 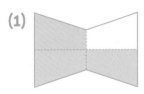 $\frac{3}{4}$ [   ]

(2)  [   ] [   ]

(3) 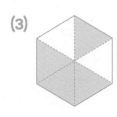 [   ] [   ]

(4) 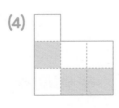 [   ] [   ]

4 사각형을 똑같이 나누어 $\frac{5}{6}$ 만큼 색칠해 보세요.

5 색칠하지 않은 부분을 분수로 나타낸 것을 찾아 이어 보세요.

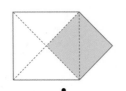

$\frac{5}{9}$ $\frac{3}{5}$ $\frac{1}{7}$

6 직사각형 모양 종이의 $\frac{3}{8}$ 에는 빨간색을, $\frac{5}{8}$ 에는 파란색을 색칠하려고 합니다. 조건에 맞게 종이를 색칠해 보세요.

7 우성이가 쿠키를 똑같이 10조각으로 나누어 전체의 $\frac{1}{2}$ 만큼 먹었습니다. 남은 쿠키는 몇 조각인가요?

(   )조각

하루한장 앱에서
학습 인증하고
하루템을 모으세요!

03일차
정답 확인

부분을 보고 전체는 어떤 모양이었을지 알아볼까요?

부분   전체

$\dfrac{1}{3}$ 은 전체를 똑같이 3으로 나눈 것 중의 1입니다.

전체는 $\dfrac{1}{3}$ 이 3개가 되도록 부분을 2개 더 붙여서 그립니다.

참고   전체는 $\dfrac{1}{\blacktriangle}$ 이 $\blacktriangle$ 개만큼입니다.

개념 확인

1   부분을 보고 전체를 그리려고 합니다. ☐ 안에 알맞은 수를 써넣고, 전체를 그려 보세요.

(1)

$\dfrac{1}{4}$ 은 전체를 똑같이 ☐ 로 나눈 것 중의 ☐ 입니다.

→ 전체는 $\dfrac{1}{4}$ 이 ☐ 개가 되도록 부분을 ☐ 개 더 붙여서 그립니다.

(2)

$\dfrac{1}{6}$ 은 전체를 똑같이 ☐ 으로 나눈 것 중의 ☐ 입니다.

→ 전체는 $\dfrac{1}{6}$ 이 ☐ 개가 되도록 부분을 ☐ 개 더 붙여서 그립니다.

색 테이프의 전체 길이는 몇 cm인지 알아볼까요?

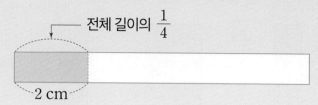

전체 길이의 $\frac{1}{4}$

2 cm

$\frac{1}{4}$은 전체를 똑같이 4로 나눈 것 중의 1이므로 전체는 $\frac{1}{4}$이 4개만큼입니다.

➡ 색 테이프의 전체 길이는 $2 \times 4 = 8$ (cm)입니다.

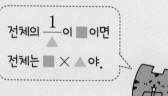

전체의 $\frac{1}{\triangle}$이 ■이면

전체는 ■ × ▲ 야.

개념확인

2 색 테이프의 전체 길이를 구하려고 합니다. ◯ 안에 알맞은 수를 써넣으세요.

(1)

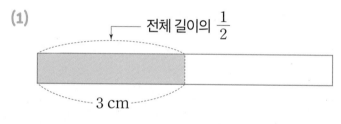

전체 길이의 $\frac{1}{2}$

3 cm

$\frac{1}{2}$은 전체를 똑같이 ◯로 나눈 것 중의 ◯이므로 전체는 $\frac{1}{2}$이 ◯개만큼입니다.

➡ (색 테이프의 전체 길이) = ◯ × ◯ = ◯ (cm)

(2)

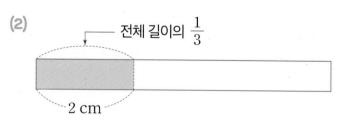

전체 길이의 $\frac{1}{3}$

2 cm

$\frac{1}{3}$은 전체를 똑같이 ◯으로 나눈 것 중의 ◯이므로 전체는 $\frac{1}{3}$이 ◯개만큼입니다.

➡ (색 테이프의 전체 길이) = ◯ × ◯ = ◯ (cm)

1 보기의 부분을 보고 전체에 알맞은 도형을 찾아 ○표 하세요.

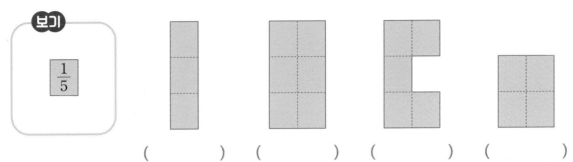

(   ) (   ) (   ) (   )

2 전체에 알맞은 도형을 찾아 기호를 써 보세요.

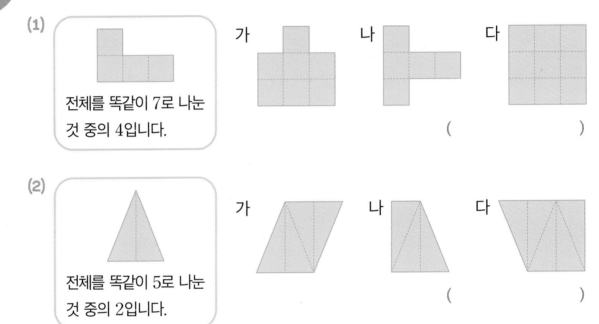

(1) 전체를 똑같이 7로 나눈 것 중의 4입니다.

가 나 다

(   )

(2) 전체를 똑같이 5로 나눈 것 중의 2입니다.

가 나 다

(   )

3 색 테이프의 전체 길이를 구하려고 합니다. ☐ 안에 알맞은 수를 써넣으세요.

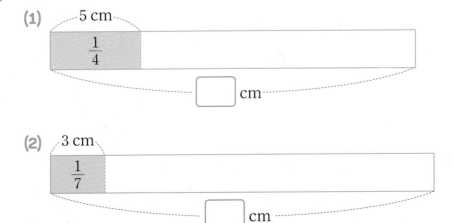

(1) 5 cm

$\frac{1}{4}$

☐ cm

(2) 3 cm

$\frac{1}{7}$

☐ cm

22

부분을 보고 전체는 어떤 모양이었을지 찾아 이어 보세요.

부분에 해당하는 그림과 분수를
보고 전체 1의 양을 생각해 봐!

5 부분을 보고 전체는 어떤 모양이었을지 그려 보세요.

(1)
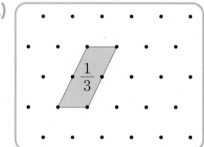

(2)
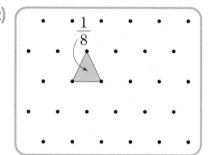

6 지수가 가지고 있는 나무 막대의 $\frac{1}{3}$만큼이 8 cm입니다. 지수가 가지고 있는 나무 막대의 전체 길이는 몇 cm인가요?

(   ) cm

단위분수를 알아볼까요?

전체를 똑같이 2로 나눈 것 중의 1		$\rightarrow$	$\dfrac{1}{2}$
전체를 똑같이 3으로 나눈 것 중의 1		$\rightarrow$	$\dfrac{1}{3}$
전체를 똑같이 4로 나눈 것 중의 1		$\rightarrow$	$\dfrac{1}{4}$

분수 중에서 $\dfrac{1}{2}$, $\dfrac{1}{3}$, $\dfrac{1}{4}$, $\dfrac{1}{5}$, …과 같이 분자가 1인 분수를 **단위분수**라고 합니다.

개념 확인

1 주어진 단위분수만큼 색칠해 보세요.

(1) $\dfrac{1}{5}$

(2) $\dfrac{1}{6}$

(3) $\dfrac{1}{7}$

(4) $\dfrac{1}{8}$

(5) $\dfrac{1}{9}$

단위분수가 몇 개인지 알아볼까요?

$\frac{1}{5}$ | $\frac{1}{5}$ | $\frac{1}{5}$ | $\frac{1}{5}$ | $\frac{1}{5}$ | $\frac{1}{5}$ → $\frac{1}{5}$이 1 개입니다.

$\frac{2}{5}$ | $\frac{1}{5}$ | $\frac{1}{5}$ | $\frac{1}{5}$ | $\frac{1}{5}$ | $\frac{1}{5}$ → $\frac{1}{5}$이 2 개입니다.

$\frac{3}{5}$ | $\frac{1}{5}$ | $\frac{1}{5}$ | $\frac{1}{5}$ | $\frac{1}{5}$ | $\frac{1}{5}$ → $\frac{1}{5}$이 3 개입니다.

$\frac{4}{5}$ | $\frac{1}{5}$ | $\frac{1}{5}$ | $\frac{1}{5}$ | $\frac{1}{5}$ | $\frac{1}{5}$ → $\frac{1}{5}$이 4 개입니다.

스마트 학습

$\frac{\triangle}{\blacksquare}$는 $\frac{1}{\blacksquare}$이 $\triangle$ 개야.

개념 확인

2 ☐ 안에 알맞은 수를 써넣으세요.

(1)

$\frac{1}{3}$ 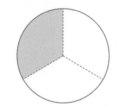  $\frac{2}{3}$

$\frac{2}{3}$는 $\frac{1}{3}$이 ☐개입니다.

(2)

$\frac{1}{4}$ 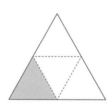 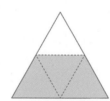 $\frac{3}{4}$

$\frac{3}{4}$은 $\frac{1}{4}$이 ☐개입니다.

(3)

$\frac{1}{6}$ 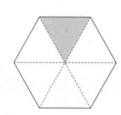 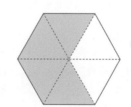 $\frac{4}{6}$

$\frac{4}{6}$는 $\frac{1}{6}$이 ☐개입니다.

1 단위분수를 모두 찾아 ○표 하세요.

(1)

$$\frac{5}{6} \qquad \frac{1}{5} \qquad \frac{3}{4} \qquad \frac{6}{8} \qquad \frac{1}{3} \qquad \frac{1}{9}$$

(2)

$$\frac{4}{5} \qquad \frac{2}{9} \qquad \frac{1}{6} \qquad \frac{2}{3} \qquad \frac{1}{4} \qquad \frac{6}{7}$$

2 $\frac{3}{7}$ 만큼 색칠하고, $\frac{3}{7}$ 은 $\frac{1}{7}$ 이 몇 개인지 구해 보세요.

$\frac{1}{7}$	$\frac{1}{7}$	$\frac{1}{7}$	$\frac{1}{7}$	$\frac{1}{7}$	$\frac{1}{7}$	$\frac{1}{7}$

( )개

3 ☐ 안에 공통으로 들어갈 수를 구해 보세요.

$\frac{1}{8}$ 은 전체를 똑같이 8로 나눈 것 중의 ☐이고, $\frac{1}{12}$ 은 전체를 똑같이 12로 나눈 것 중의 ☐입니다.

( )

4 ☐ 안에 알맞은 수를 써넣으세요.

(1) $\frac{3}{6}$ 은 $\frac{1}{6}$ 이 ☐개입니다.

(2) $\frac{5}{7}$ 는 $\frac{1}{7}$ 이 ☐개입니다.

(3) $\frac{4}{9}$ 는 $\frac{1}{9}$ 이 ☐개입니다.

(4) $\frac{6}{8}$ 은 $\frac{1}{8}$ 이 ☐개입니다.

5 안에 알맞은 수를 써넣으세요.

(1) $\dfrac{1}{4}$ 이 3개이면 ⬜ 입니다.   (2) $\dfrac{1}{7}$ 이 2개이면 ⬜ 입니다.

(3) $\dfrac{4}{8}$ 는 ⬜ 이 4개입니다.   (4) $\dfrac{9}{10}$ 는 ⬜ 이 9개입니다.

6 두 친구가 설명하는 분수를 구해 보세요.

단위분수야.

분자와 분모의 합이 9야.

정우   혜선

(   )

7 ㉠과 ㉡에 알맞은 수의 합을 구해 보세요.

• $\dfrac{2}{9}$ 는 $\dfrac{1}{9}$ 이 ㉠개입니다.

• $\dfrac{1}{9}$ 이 ㉡개이면 $\dfrac{7}{9}$ 입니다.

(   )

8 민서는 핫케이크를 똑같이 8조각으로 나누어 그중 한 조각을 먹었습니다. 전체에 대한 남은 부분을 나타내는 분수는 $\dfrac{1}{8}$ 이 몇 개인가요?

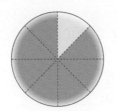

(   )개

분모가 같은 분수의 크기 비교

$\dfrac{3}{5}$ 과 $\dfrac{4}{5}$ 의 크기를 비교해 볼까요?

방법 ① 그림을 이용하여 크기 비교하기

스마트 학습

$\dfrac{3}{5}$ → 전체를 똑같이 5로 나눈 것 중의 3

$\dfrac{4}{5}$ → 전체를 똑같이 5로 나눈 것 중의 4

색칠한 부분을 비교하면 $\dfrac{3}{5}$ 이 $\dfrac{4}{5}$ 보다 더 작습니다. ➔ $\dfrac{3}{5} < \dfrac{4}{5}$

개념 확인

1 그림을 이용하여 분수의 크기를 비교하려고 합니다. 알맞은 말에 ◯표 하고, ◯ 안에 $>$, $=$, $<$ 를 알맞게 써넣으세요.

(1) $\dfrac{3}{4}$

$\dfrac{2}{4}$

$\dfrac{3}{4}$ 은 $\dfrac{2}{4}$ 보다 더 (큽니다 , 작습니다).

➔ $\dfrac{3}{4}$ ◯ $\dfrac{2}{4}$

(2) $\dfrac{2}{6}$

$\dfrac{5}{6}$

$\dfrac{2}{6}$ 는 $\dfrac{5}{6}$ 보다 더 (큽니다 , 작습니다).

➔ $\dfrac{2}{6}$ ◯ $\dfrac{5}{6}$

(3) $\dfrac{4}{7}$

$\dfrac{3}{7}$

$\dfrac{4}{7}$ 는 $\dfrac{3}{7}$ 보다 더 (큽니다 , 작습니다).

➔ $\dfrac{4}{7}$ ◯ $\dfrac{3}{7}$

(4) $\dfrac{6}{9}$

$\dfrac{8}{9}$

$\dfrac{6}{9}$ 은 $\dfrac{8}{9}$ 보다 더 (큽니다 , 작습니다).

➔ $\dfrac{6}{9}$ ◯ $\dfrac{8}{9}$

$\dfrac{3}{5}$은 $\dfrac{1}{5}$이 ③개이고, $\dfrac{4}{5}$는 $\dfrac{1}{5}$이 ④개입니다.

단위분수의 개수를 비교하면 $3 < 4$이므로 $\dfrac{3}{5} < \dfrac{4}{5}$입니다.

분모가 같은 분수는
분자가 클수록 더 커!

개념 확인

2 ☐ 안에 알맞은 수를 써넣고, ◯ 안에 $>$, $=$, $<$를 알맞게 써넣으세요.

(1) $\dfrac{2}{6}$는 $\dfrac{1}{6}$이 ☐개이고, $\dfrac{4}{6}$는 $\dfrac{1}{6}$이 ☐개입니다.

→ 2 ◯ 4이므로 $\dfrac{2}{6}$ ◯ $\dfrac{4}{6}$입니다.

(2) $\dfrac{3}{8}$은 $\dfrac{1}{8}$이 ☐개이고, $\dfrac{6}{8}$은 $\dfrac{1}{8}$이 ☐개입니다.

→ 3 ◯ 6이므로 $\dfrac{3}{8}$ ◯ $\dfrac{6}{8}$입니다.

(3) $\dfrac{7}{9}$은 $\dfrac{1}{9}$이 ☐개이고, $\dfrac{5}{9}$는 $\dfrac{1}{9}$이 ☐개입니다.

→ 7 ◯ 5이므로 $\dfrac{7}{9}$ ◯ $\dfrac{5}{9}$입니다.

(4) $\dfrac{9}{12}$는 $\dfrac{1}{12}$이 ☐개이고, $\dfrac{11}{12}$은 $\dfrac{1}{12}$이 ☐개입니다.

→ 9 ◯ 11이므로 $\dfrac{9}{12}$ ◯ $\dfrac{11}{12}$입니다.

1 주어진 분수만큼 색칠하고, ◯ 안에 >, =, <를 알맞게 써넣으세요.

(1)

$\dfrac{1}{4}$ ◯ $\dfrac{3}{4}$

(2)

$\dfrac{3}{5}$ ◯ $\dfrac{2}{5}$

(3)

$\dfrac{4}{6}$ ◯ $\dfrac{5}{6}$

(4)

$\dfrac{7}{8}$ ◯ $\dfrac{5}{8}$

2 분수의 크기를 비교하여 ◯ 안에 >, =, <를 알맞게 써넣으세요.

(1) $\dfrac{4}{5}$ ◯ $\dfrac{1}{5}$

(2) $\dfrac{2}{7}$ ◯ $\dfrac{5}{7}$

(3) $\dfrac{3}{8}$ ◯ $\dfrac{4}{8}$

(4) $\dfrac{4}{9}$ ◯ $\dfrac{6}{9}$

(5) $\dfrac{7}{10}$ ◯ $\dfrac{9}{10}$

(6) $\dfrac{11}{15}$ ◯ $\dfrac{4}{15}$

3 $\dfrac{4}{7}$와 $\dfrac{6}{7}$의 크기를 바르게 비교한 친구는 누구인가요?

$\dfrac{4}{7}$는 $\dfrac{1}{7}$이 4개, $\dfrac{6}{7}$은 $\dfrac{1}{7}$이 6개이니까 $\dfrac{6}{7}$이 더 커.

 수현

4는 6보다 작으니까 $\dfrac{4}{7}$가 $\dfrac{6}{7}$보다 더 커.

 상우

(   )

4 가장 큰 분수에 ○표, 가장 작은 분수에 △표 하세요.

(1) $\dfrac{4}{8}$ $\dfrac{2}{8}$ $\dfrac{7}{8}$

(2) $\dfrac{5}{12}$ $\dfrac{10}{12}$ $\dfrac{3}{12}$

5 ☐ 안에 알맞은 분수를 쓰고, ○ 안에 >, =, < 를 알맞게 써넣으세요.

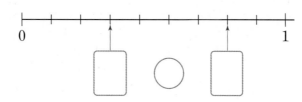

6 $\dfrac{3}{7}$ 보다 큰 분수를 모두 찾아 색칠해 보세요.

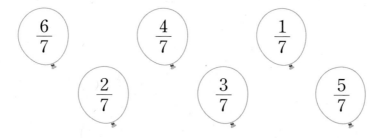

$\dfrac{6}{7}$ $\dfrac{4}{7}$ $\dfrac{1}{7}$

$\dfrac{2}{7}$ $\dfrac{3}{7}$ $\dfrac{5}{7}$

7 진서와 윤하는 같은 우유를 한 병씩 샀습니다. 진서는 전체의 $\dfrac{4}{10}$ 만큼 마셨고, 윤하는 전체의 $\dfrac{6}{10}$ 만큼 마셨습니다. 우유를 더 많이 마신 친구는 누구인가요?

(   )

단위분수의 크기 비교

$\dfrac{1}{2}$과 $\dfrac{1}{4}$의 크기를 비교해 볼까요?

방법 ① 그림을 이용하여 크기 비교하기

$\dfrac{1}{2}$ → 전체를 똑같이 2로 나눈 것 중의 1

$\dfrac{1}{4}$ → 전체를 똑같이 4로 나눈 것 중의 1

색칠한 부분을 비교하면 $\dfrac{1}{2}$이 $\dfrac{1}{4}$보다 더 큽니다. ➔ $\dfrac{1}{2} > \dfrac{1}{4}$

개념 확인

1 주어진 분수만큼 색칠하고, 분수의 크기를 비교하려고 합니다. 알맞은 말에 ◯표 하고, ◯ 안에 $>$, $=$, $<$를 알맞게 써넣으세요.

(1) $\dfrac{1}{3}$

$\dfrac{1}{5}$

$\dfrac{1}{3}$은 $\dfrac{1}{5}$보다 더 (큽니다 , 작습니다).

➔ $\dfrac{1}{3}$ ◯ $\dfrac{1}{5}$

(2) $\dfrac{1}{6}$

$\dfrac{1}{8}$

$\dfrac{1}{6}$은 $\dfrac{1}{8}$보다 더 (큽니다 , 작습니다).

➔ $\dfrac{1}{6}$ ◯ $\dfrac{1}{8}$

(3) $\dfrac{1}{9}$

$\dfrac{1}{7}$

$\dfrac{1}{9}$은 $\dfrac{1}{7}$보다 더 (큽니다 , 작습니다).

➔ $\dfrac{1}{9}$ ◯ $\dfrac{1}{7}$

(4) $\dfrac{1}{10}$

$\dfrac{1}{4}$

$\dfrac{1}{10}$은 $\dfrac{1}{4}$보다 더 (큽니다 , 작습니다).

➔ $\dfrac{1}{10}$ ◯ $\dfrac{1}{4}$

단위분수는 분자가 1인 분수이므로 분모가 더 크면 전체 1을 똑같이 나눈 것 중 하나는 더 작아집니다.

단위분수 $\dfrac{1}{2}$ 과 $\dfrac{1}{4}$ 의 분모를 비교하면 2<4이므로 $\dfrac{1}{2} > \dfrac{1}{4}$ 입니다.

참고 똑같은 양은 많이 나눌수록 나누어진 양의 크기가 작아집니다.

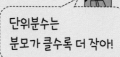

단위분수는
분모가 클수록 더 작아!

개념 확인

2 ◯ 안에 >, =, <를 알맞게 써넣으세요.

(1) 2<6 → $\dfrac{1}{2}$ ◯ $\dfrac{1}{6}$ (2) 7>5 → $\dfrac{1}{7}$ ◯ $\dfrac{1}{5}$

(3) 9>3 → $\dfrac{1}{9}$ ◯ $\dfrac{1}{3}$ (4) 8<11 → $\dfrac{1}{8}$ ◯ $\dfrac{1}{11}$

(5) 13 ◯ 4 → $\dfrac{1}{13}$ ◯ $\dfrac{1}{4}$ (6) 18 ◯ 9 → $\dfrac{1}{18}$ ◯ $\dfrac{1}{9}$

(7) 10 ◯ 14 → $\dfrac{1}{10}$ ◯ $\dfrac{1}{14}$ (8) 15 ◯ 13 → $\dfrac{1}{15}$ ◯ $\dfrac{1}{13}$

(9) 17 ◯ 12 → $\dfrac{1}{17}$ ◯ $\dfrac{1}{12}$ (10) 16 ◯ 20 → $\dfrac{1}{16}$ ◯ $\dfrac{1}{20}$

1 그림을 보고 ◯ 안에 >, =, <를 알맞게 써넣으세요.

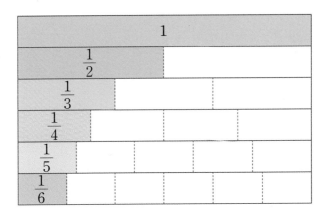

(1) $\dfrac{1}{5}$ ◯ $\dfrac{1}{2}$

(2) $\dfrac{1}{6}$ ◯ $\dfrac{1}{4}$

(3) $\dfrac{1}{3}$ ◯ $\dfrac{1}{5}$

(4) $\dfrac{1}{2}$ ◯ $\dfrac{1}{3}$

2 분수의 크기를 비교하여 ◯ 안에 >, =, <를 알맞게 써넣으세요.

(1) $\dfrac{1}{8}$ ◯ $\dfrac{1}{2}$

(2) $\dfrac{1}{4}$ ◯ $\dfrac{1}{7}$

(3) $\dfrac{1}{5}$ ◯ $\dfrac{1}{6}$

(4) $\dfrac{1}{9}$ ◯ $\dfrac{1}{4}$

(5) $\dfrac{1}{3}$ ◯ $\dfrac{1}{10}$

(6) $\dfrac{1}{7}$ ◯ $\dfrac{1}{11}$

3 똑같이 나누어 주어진 분수만큼 색칠하고, ◯ 안에 >, =, <를 알맞게 써넣으세요.

(1)
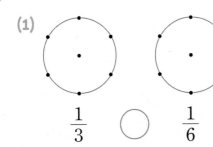

$\dfrac{1}{3}$ ◯ $\dfrac{1}{6}$

(2)
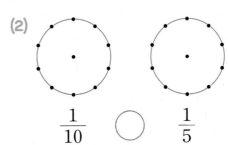

$\dfrac{1}{10}$ ◯ $\dfrac{1}{5}$

4 분수의 크기를 비교하여 큰 수부터 차례로 써 보세요.

(1) $\dfrac{1}{12}$ $\dfrac{1}{6}$ $\dfrac{1}{2}$

(   )

(2) $\dfrac{1}{13}$ $\dfrac{1}{18}$ $\dfrac{1}{4}$

(   )

5 $\dfrac{1}{10}$ 보다 작은 분수를 모두 찾아 ○표 하세요.

$\dfrac{1}{5}$ $\dfrac{1}{15}$ $\dfrac{1}{10}$ $\dfrac{1}{7}$ $\dfrac{1}{12}$

6 ☐ 안에 들어갈 수 있는 수를 모두 찾아 ○표 하세요.

$\dfrac{1}{\square} > \dfrac{1}{7}$

(5 , 6 , 7 , 8 , 9)

7 민우가 어제는 동화책 전체의 $\dfrac{1}{9}$ 만큼을 읽었고, 오늘은 같은 동화책 전체의 $\dfrac{1}{8}$ 만큼을 읽었습니다. 민우가 어제와 오늘 중 언제 동화책을 더 많이 읽었나요?

(   )

1 똑같이 셋으로 나누어진 도형을 모두 찾아 ◯표 하세요.

         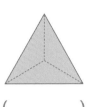

(   )   (   )   (   )   (   )

2 관계있는 것끼리 이어 보세요.

   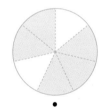   

•   •   •

•   •   •

5분의 3	$\dfrac{5}{7}$	6분의 4

3 단위분수를 모두 찾아 색칠해 보세요.

(1)

$\dfrac{5}{6}$	$\dfrac{1}{9}$	$\dfrac{4}{7}$
$\dfrac{1}{3}$	$\dfrac{3}{5}$	$\dfrac{1}{8}$
$\dfrac{3}{4}$	$\dfrac{1}{12}$	$\dfrac{9}{10}$

(2)

$\dfrac{1}{5}$	$\dfrac{5}{8}$	$\dfrac{1}{18}$
$\dfrac{7}{11}$	$\dfrac{1}{7}$	$\dfrac{8}{9}$
$\dfrac{1}{6}$	$\dfrac{2}{3}$	$\dfrac{1}{11}$

4 색칠한 부분이 나타내는 분수가 다른 하나를 찾아 기호를 써 보세요.

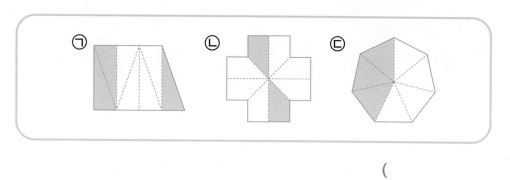

(   )

5 색칠한 부분과 색칠하지 않은 부분을 각각 분수로 나타내 보세요.

6 분수의 크기를 비교하여 ○ 안에 >, =, <를 알맞게 써넣으세요.

(1) $\dfrac{7}{8}$ ○ $\dfrac{2}{8}$

(2) $\dfrac{9}{15}$ ○ $\dfrac{13}{15}$

(3) $\dfrac{1}{9}$ ○ $\dfrac{1}{6}$

(4) $\dfrac{1}{12}$ ○ $\dfrac{1}{18}$

7 사각형을 똑같이 나누어 $\dfrac{3}{4}$ 만큼 색칠해 보세요.

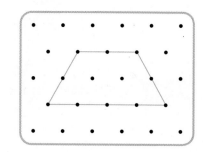

8 색칠한 부분의 길이는 전체 색 테이프 길이의 $\frac{1}{6}$입니다. 전체 색 테이프의 길이는 몇 cm인가요?

9 cm

(   ) cm

9 ㉠과 ㉡에 알맞은 수의 합을 구해 보세요.

- $\frac{3}{10}$은 $\frac{1}{10}$이 ㉠개입니다.

- $\frac{7}{8}$은 $\frac{1}{㉡}$이 7개입니다.

(   )

10 부분을 보고 전체는 어떤 모양이었을지 그려 보세요.

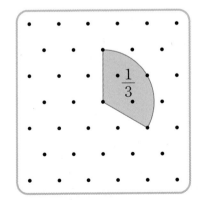

11 조건에 맞는 분수는 모두 몇 개인가요?

> • 분자가 1인 분수입니다.
>
> • $\dfrac{1}{12}$ 보다 크고 $\dfrac{1}{5}$ 보다 작습니다.

(   )개

12 준호와 모둠 친구들은 같은 양의 찰흙으로 동물 모양을 만드는 데 준호는 전체 찰흙의 $\dfrac{6}{9}$ 을, 윤지는 전체 찰흙의 $\dfrac{4}{9}$ 를, 서우는 전체 찰흙의 $\dfrac{7}{9}$ 을 사용하였습니다. 찰흙을 가장 많이 사용한 친구는 누구인가요?

(   )

빠른
개념 찾기

틀린 문제는 개념을 다시 확인해 보세요.

08일차
정답 확인

개념	문제 번호
01일차 전체를 똑같이 나누기	1
02일차 분수 알아보기	2, 4
03일차 부분은 전체의 얼마인지 분수로 나타내기	5, 7
04일차 부분을 보고 전체 알아보기	8, 10
05일차 단위분수	3, 9
06일차 분모가 같은 분수의 크기 비교	6(1), 6(2), 12
07일차 단위분수의 크기 비교	6(3), 6(4), 11

쿠키 6개를 똑같이 2묶음으로 나누어 볼까요?

↓

부분  은 전체를 똑같이 2묶음으로 나눈 것 중의 1묶음입니다.

└→ 3개

참고 묶음 수에 따라 전체에 대한 부분의 수는 달라질 수 있습니다.

개념 확인

1 그림을 보고 ◯ 안에 알맞은 수를 써넣으세요.

(1)

↓

부분   은 전체를 똑같이 ◯묶음으로 나눈 것

중의 ◯묶음입니다.

(2)

↓

부분   은 전체를 똑같이 ◯묶

음으로 나눈 것 중의 ◯묶음입니다.

사탕 6개를 똑같이 2묶음으로 나누어 분수로 나타내 볼까요?

사탕 6개를 3개씩 묶으면 2묶음입니다.

부분  은 전체를 똑같이 **2** 묶음으로 나눈 것 중의 **1** 묶음이므로

전체의 $\dfrac{1}{2}$ 입니다.

전체를 똑같이 묶었을 때,
부분은 전체의 $\dfrac{(부분의 묶음 수)}{(전체의 묶음 수)}$ 야.

스마트 학습

개념 확인

2 그림을 보고 ☐ 안에 알맞은 수를 써넣으세요.

(1)

색칠한 부분은 전체를 똑같이 5묶음으로 나눈

것 중의 2묶음이므로 전체의 $\dfrac{\boxed{}}{\boxed{}}$ 입니다.

(2)

색칠한 부분은 전체를 똑같이 4묶음으로 나눈

것 중의 $\boxed{}$ 묶음이므로 전체의 $\dfrac{\boxed{}}{\boxed{}}$ 입니다.

(3)

색칠한 부분은 전체를 똑같이 $\boxed{}$ 묶음으로 나눈

것 중의 $\boxed{}$ 묶음이므로 전체의 $\dfrac{\boxed{}}{\boxed{}}$ 입니다.

1 부분 은 전체를 똑같이 몇 묶음으로 나눈 것 중의 1묶음일까요?

 →

( )묶음

2 물음에 답하세요.

(1) 귤 14개를 똑같이 2묶음으로 나누어 보세요.

(2) 귤 14개를 똑같이 7묶음으로 나누어 보세요.

3 묶음의 수를 생각하여 색칠한 부분은 전체의 얼마인지 분수로 나타내 보세요.

(1)

(2)

(3)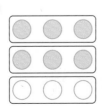

(4)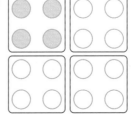

4 도토리 10개를 똑같이 5묶음으로 나누어 보고, ☐ 안에 알맞은 수를 써넣으세요.

🌰🌰🌰🌰🌰🌰🌰🌰🌰🌰

부분  [🌰🌰] [🌰🌰] [🌰🌰] 은 전체를 똑같이 5묶음으로 나눈 것 중의

☐ 묶음이므로 전체의 $\dfrac{\Box}{\Box}$ 입니다.

5 밤 21개를 똑같이 7묶음으로 나누어 보고, ☐ 안에 알맞은 수를 써넣으세요.

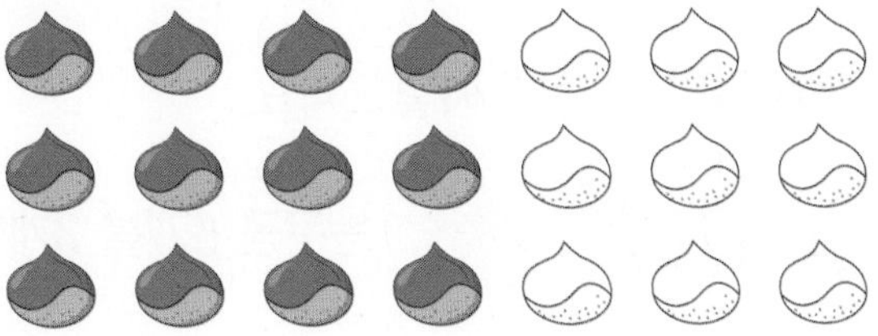

색칠한 부분은 전체를 똑같이 7묶음으로 나눈 것 중의 ☐ 묶음이므로 전체의 $\dfrac{\Box}{\Box}$

입니다.

6 땅콩 전체를 똑같이 6묶음으로 나누면 한 묶음은 몇 개인가요?

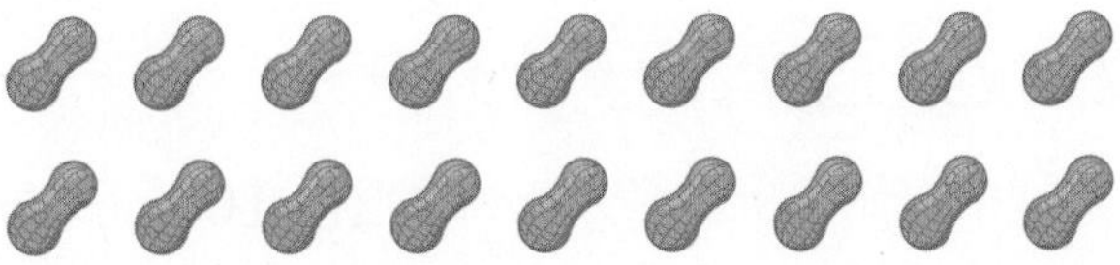

(   )개

7 선호는 사탕 24개를 똑같이 8묶음으로 나누어 3묶음을 먹었습니다. 남은 사탕은 전체 사탕의 얼마인지 분수로 나타내 보세요.

(   )

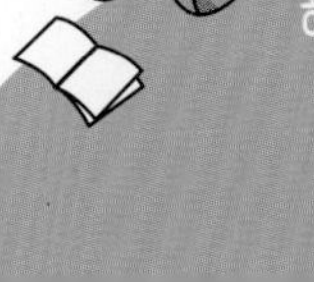

8개를 4개씩 묶어서 4는 8의 얼마인지 분수로 나타내 볼까요?

축구공 8개를 4개씩 묶으면 2묶음입니다.

스마트 학습

4는 8을 똑같이 ②묶음으로 나눈 것 중의 1 묶음입니다.

→ 4는 8의 $\frac{1}{2}$ 입니다.

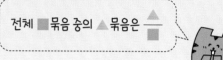

전체 ■묶음 중의 ▲묶음은 $\frac{▲}{■}$

개념 확인

1 그림을 보고 ◯ 안에 알맞은 수를 써넣으세요.

(1)

농구공 6개를 3개씩 묶으면 ☐ 묶음입니다.

→ 3은 6의 $\frac{☐}{☐}$ 입니다.

(2)

야구공 10개를 2개씩 묶으면 ☐ 묶음입니다.

→ 2는 10의 $\frac{☐}{☐}$ 입니다.

(3)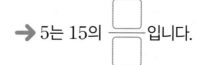

배구공 15개를 5개씩 묶으면 ☐ 묶음입니다.

→ 5는 15의 $\frac{☐}{☐}$ 입니다.

12개를 3개씩 묶어서 9는 12의 얼마인지 분수로 나타내 볼까요?

구슬 12개를 3개씩 묶으면 4묶음입니다.

9는 12를 똑같이 ④ 묶음으로 나눈 것 중의 ③ 묶음입니다.

→ 9는 12의 $\frac{3}{4}$ 입니다.

3은 12의 $\frac{1}{4}$ 이야.

스마트 학습

개념 확인

2 그림을 보고 ☐ 안에 알맞은 수를 써넣으세요.

(1)

팽이 6개를 2개씩 묶으면 ☐ 묶음입니다.

4는 6을 똑같이 3묶음으로 나눈 것 중의 ☐ 묶음입니다. → 4는 6의 $\frac{☐}{☐}$ 입니다.

(2)

딱지 12개를 4개씩 묶으면 ☐ 묶음입니다.

8은 12를 똑같이 3묶음으로 나눈 것 중의 ☐ 묶음입니다.

→ 8은 12의 $\frac{☐}{☐}$ 입니다.

(3)

큐브 14개를 2개씩 묶으면 ☐ 묶음입니다.

10은 14를 똑같이 7묶음으로 나눈 것 중의 ☐ 묶음입니다.

→ 10은 14의 $\frac{☐}{☐}$ 입니다.

1 가위 9개를 3개씩 묶어 보고, ☐ 안에 알맞은 수를 써넣으세요.

(1) 3은 9의 ☐/☐ 입니다.

(2) 6은 9의 ☐/☐ 입니다.

2 풀 16개를 2개씩 묶어 보고, ☐ 안에 알맞은 수를 써넣으세요.

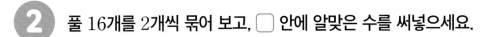

(1) 2는 16의 ☐/☐ 입니다.

(2) 10은 16의 ☐/☐ 입니다.

3 그림을 보고 ㉠과 ㉡에 알맞은 수를 각각 구해 보세요.

• 20마리를 5마리씩 묶으면 ㉠묶음입니다.

• 5는 20의 ㉡/4 입니다.

㉠ (   ), ㉡ (   )

4 그림을 보고 ㉠과 ㉡에 알맞은 수를 각각 구해 보세요.

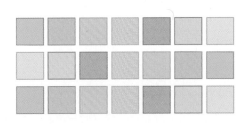

• 21장을 7장씩 묶으면 ㉠묶음입니다.

• 14는 21의 ㉡/3 입니다.

㉠ (   ), ㉡ (   )

5 연필 18자루를 6자루씩 묶으면 6은 18의 몇 분의 몇인가요?

(   )

6 지우개 24개를 4개씩 묶으면 20은 24의 몇 분의 몇인가요?

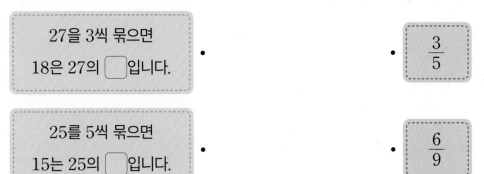

(   )

7 ☐ 안에 알맞은 분수를 찾아 이어 보세요.

27을 3씩 묶으면

18은 27의 ☐입니다.   •   • $\dfrac{3}{5}$

25를 5씩 묶으면

15는 25의 ☐입니다.   •   • $\dfrac{6}{9}$

8 어느 야채 가게에서 애호박 42개를 6개씩 묶고, 그 중에서 18개를 팔았습니다. 이 야채 가게에서 판 애호박은 42개의 얼마인지 분수로 나타내 보세요.

(   )

6의 $\frac{1}{3}$은 얼마인지 알아볼까요?

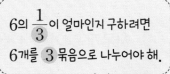

화분 6개를 똑같이 3묶음으로 나눈 것 중의 1묶음은 전체의 $\frac{1}{3}$이고, 2개입니다.

→ 6의 $\frac{1}{3}$은 2입니다.

6의 $\frac{1}{3}$이 얼마인지 구하려면 6개를 ③ 묶음으로 나누어야 해.

개념확인

1 그림을 보고 ☐ 안에 알맞은 수를 써넣으세요.

(1)

장미 10송이를 똑같이 5묶음으로 나눈 것 중의 1묶음은 전체의 $\frac{\boxed{}}{\boxed{}}$이고, $\boxed{}$송이

입니다.

→ 10의 $\frac{1}{5}$은 $\boxed{}$입니다.

(2)

튤립 12송이를 똑같이 3묶음으로 나눈 것 중의 1묶음은 전체의 $\frac{\boxed{}}{\boxed{}}$이고, $\boxed{}$송이

입니다.

→ 12의 $\frac{1}{3}$은 $\boxed{}$입니다.

8의 $\frac{3}{4}$은 얼마인지 알아볼까요?

벌 8마리를 똑같이 4묶음으로 나눈 것 중의 3묶음은 전체의 $\frac{3}{4}$이고, 6마리입니다.

스마트 학습

→ 8의 $\frac{3}{4}$은 6입니다.

참고 $\frac{3}{4}$은 $\frac{1}{4}$이 3개이므로 $\frac{3}{4}$은 $\frac{1}{4}$의 3배입니다. →

$$8의 \frac{1}{4}은 2$$
3배↓　　↓3배
$$8의 \frac{3}{4}은 6$$

개념 확인

2　그림을 보고 ☐ 안에 알맞은 수를 써넣으세요.

(1)

나비 9마리를 똑같이 3묶음으로 나눈 것 중의 2묶음은 전체의 $\frac{\boxed{}}{\boxed{}}$이고, ☐마리

입니다.

→ 9의 $\frac{2}{3}$는 ☐입니다.

(2)

잠자리 14마리를 7묶음으로 나눈 것 중의 4묶음은 전체의 $\frac{\boxed{}}{\boxed{}}$이고, ☐마리입

니다.

→ 14의 $\frac{4}{7}$는 ☐입니다.

1 공깃돌 12개를 똑같이 4묶음으로 나누어 보고, ▢ 안에 알맞은 수를 써넣으세요.

(1) 12의 $\frac{1}{4}$은 ▢입니다.

(2) 12의 $\frac{2}{4}$는 ▢입니다.

2 블록 15개를 똑같이 3묶음으로 나누어 보고, ▢ 안에 알맞은 수를 써넣으세요.

(1) 15의 $\frac{1}{3}$은 ▢입니다.

(2) 15의 $\frac{2}{3}$는 ▢입니다.

3 그림을 보고 ▢ 안에 알맞은 수를 써넣으세요.

(1) 18의 $\frac{1}{6}$은 ▢입니다.

(2) 18의 $\frac{5}{6}$는 ▢입니다.

4 그림을 보고 ▢ 안에 알맞은 수를 써넣으세요.

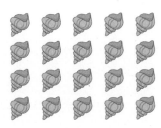

(1) 20의 $\frac{1}{5}$은 ▢입니다.

(2) 20의 $\frac{3}{5}$은 ▢입니다.

5 ⬚ 안에 알맞은 수를 써넣고, 빨간색과 파란색으로 그 수만큼 풍선을 색칠해 보세요.

• 16의 $\frac{1}{4}$은 빨간색입니다. ➡ ⬚개   • 16의 $\frac{3}{4}$은 파란색입니다. ➡ ⬚개

6 수호가 말한 수를 구해 보세요.

24의 $\frac{5}{8}$!

수호

(   )

7 나타내는 수가 다른 하나를 찾아 기호를 써 보세요.

㉠ 21의 $\frac{4}{7}$ ㉡ 30의 $\frac{1}{2}$ ㉢ 32의 $\frac{3}{8}$

(   )

8 지후는 색종이 45장의 $\frac{5}{9}$만큼을 종이접기 하는 데 사용했습니다. 지후가 종이접기 하는 데 사용한 색종이는 몇 장인가요?

(   )장

9 cm의 $\frac{1}{3}$과 $\frac{2}{3}$는 각각 몇 cm인지 알아볼까요?

스마트 학습

```
0   1   2   3   4   5   6   7   8   9 (cm)
```

· 9 cm를 똑같이 3으로 나눈 것 중의 1은 전체의 $\frac{1}{3}$이고, 3 cm입니다.

→ 9 cm의 $\frac{1}{3}$은 3 cm입니다.

· 9 cm를 똑같이 3으로 나눈 것 중의 2는 전체의 $\frac{2}{3}$이고, 6 cm입니다.

→ 9 cm의 $\frac{2}{3}$는 6 cm입니다.

$\frac{2}{3}$는 $\frac{1}{3}$의 2배이므로
$3 \times 2 = 6$ (cm)야.

개념 확인

1 종이띠를 보고 ☐ 안에 알맞은 수를 써넣으세요.

```
0   1   2   3   4   5   6   7   8   9   10 (cm)
```

(1) 10 cm를 똑같이 5로 나눈 것 중의 1은 전체의 $\frac{\Box}{\Box}$이고, ☐ cm입니다.

→ 10 cm의 $\frac{1}{5}$은 ☐ cm입니다.

(2) 10 cm를 똑같이 5로 나눈 것 중의 2는 전체의 $\frac{\Box}{\Box}$이고, ☐ cm입니다.

→ 10 cm의 $\frac{2}{5}$는 ☐ cm입니다.

(3) 10 cm를 똑같이 5로 나눈 것 중의 4는 전체의 $\frac{\Box}{\Box}$이고, ☐ cm입니다.

→ 10 cm의 $\frac{4}{5}$는 ☐ cm입니다.

1시간의 $\frac{1}{3}$과 $\frac{2}{3}$는 각각 몇 분인지 알아볼까요?

1시간은 60분입니다.

• 60분을 똑같이 3으로 나눈 것 중의 1은 전체의 $\frac{1}{3}$이고,
20분입니다.

➡ 1시간의 $\frac{1}{3}$은 20분입니다.

• 60분을 똑같이 3으로 나눈 것 중의 2는 전체의 $\frac{2}{3}$이고,
40분입니다.

➡ 1시간의 $\frac{2}{3}$는 40분입니다.

 참고 1시간＝60분이므로 1시간의 $\frac{1}{▲}$은 60분의 $\frac{1}{▲}$을 이용해 구할 수 있습니다.

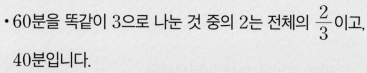
스마트 학습

개념 확인

2 오른쪽 시계를 보고 ☐ 안에 알맞은 수를 써넣으세요.

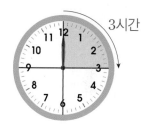
3시간

(1) 12시간을 똑같이 4로 나눈 것 중의 1은 전체의 $\dfrac{\boxed{}}{\boxed{}}$이고,

$\boxed{}$시간입니다.

➡ 12시간의 $\frac{1}{4}$은 $\boxed{}$시간입니다.

(2) 12시간을 똑같이 4로 나눈 것 중의 2는 전체의 $\dfrac{\boxed{}}{\boxed{}}$이고, $\boxed{}$시간입니다.

➡ 12시간의 $\frac{2}{4}$는 $\boxed{}$시간입니다.

(3) 12시간을 똑같이 4로 나눈 것 중의 3은 전체의 $\dfrac{\boxed{}}{\boxed{}}$이고, $\boxed{}$시간입니다.

➡ 12시간의 $\frac{3}{4}$은 $\boxed{}$시간입니다.

1 그림을 보고 ☐ 안에 알맞은 수를 써넣으세요.

0 1 2 3 4 5 6 7 8 (cm)

(1) 8 cm의 $\dfrac{1}{4}$은 ☐ cm입니다.   (2) 8 cm의 $\dfrac{3}{4}$은 ☐ cm입니다.

2 그림을 보고 ☐ 안에 알맞은 수를 써넣으세요.

0 1 2 3 4 5 6 7 8 9 10 11 12 (cm)

(1) 12 cm의 $\dfrac{1}{3}$은 ☐ cm입니다.   (2) 12 cm의 $\dfrac{2}{3}$는 ☐ cm입니다.

3 시계를 보고 ☐ 안에 알맞은 수를 써넣으세요.

(1) 1시간의 $\dfrac{1}{4}$은 ☐ 분입니다.

(2) 1시간의 $\dfrac{3}{4}$은 ☐ 분입니다.

4 시계를 보고 ☐ 안에 알맞은 수를 써넣으세요.

(1) 1시간의 $\dfrac{1}{6}$은 ☐ 분입니다.

(2) 1시간의 $\dfrac{5}{6}$는 ☐ 분입니다.

5 그림을 보고 바르게 말한 친구는 누구인가요?

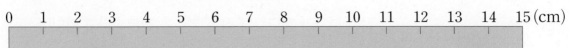

지수

15 cm의 $\frac{1}{5}$은 3 cm야.

15 cm의 $\frac{3}{5}$은 10 cm지.

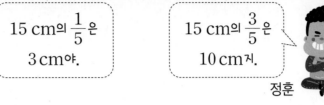
정훈

(   )

6 ㉠과 ㉡이 나타내는 시간을 각각 구해 보세요.

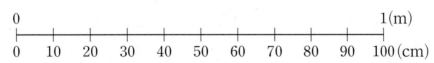

㉠ 1분의 $\frac{1}{2}$ ㉡ 1분의 $\frac{2}{3}$

㉠ (   )초, ㉡ (   )초

7 ☐ 안에 알맞은 수를 써넣으세요.

```
0                                           1(m)
├───┼───┼───┼───┼───┼───┼───┼───┼───┼───┤
0   10  20  30  40  50  60  70  80  90  100(cm)
```

(1) $\frac{1}{5}$ m는 ☐ cm입니다.   (2) $\frac{4}{5}$ m는 ☐ cm입니다.

8 승준이는 24시간의 $\frac{3}{8}$만큼 잠을 잤습니다. 승준이가 잠을 잔 시간은 몇 시간인가요?

(   )시간

13 ^{일차}

진분수, 가분수와 자연수를 알아볼까요?

- $\frac{1}{4}$, $\frac{2}{4}$, $\frac{3}{4}$ 과 같이 분자가 분모보다 작은 분수를 **진분수**라고 합니다.

- $\frac{4}{4}$, $\frac{5}{4}$ 와 같이 분자가 분모와 같거나 분모보다 큰 분수를 **가분수**라고 합니다.

- 1, 2, 3과 같은 수를 **자연수**라고 합니다.

진분수는 1보다 작고, 가분수는 1과 같거나 1보다 커.

개념 확인

1 물음에 답하세요.

(1) 그림을 보고 색칠한 부분을 분모가 5인 분수로 나타내 보세요.

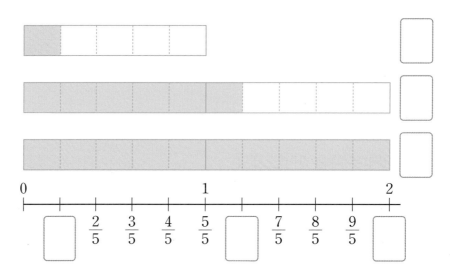

(2) ◯ 안에 알맞은 말을 써넣으세요.

- $\frac{1}{5}$, $\frac{2}{5}$, $\frac{3}{5}$, $\frac{4}{5}$ 와 같이 분자가 분모보다 작은 분수를 ☐ 라고 합니다.

- $\frac{5}{5}$, $\frac{6}{5}$, $\frac{7}{5}$ 과 같이 분자가 분모와 같거나 분모보다 큰 분수를 ☐ 라고 합니다.

- 1, 2, 3과 같은 수를 ☐ 라고 합니다.

대분수를 알아볼까요?

- 1과 $\dfrac{1}{4}$은 $1+\dfrac{1}{4}$입니다. 이것을 $1\dfrac{1}{4}$이라 쓰고, **1과 4분의 1**이라고 읽습니다.

- $1\dfrac{1}{4}$과 같이 자연수와 진분수로 이루어진 분수를 대분수라고 합니다.

개념 확인

2 ☐ 안에 알맞게 써넣으세요.

(1)

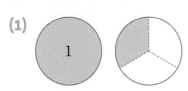

1과 $\dfrac{1}{3}$을 ☐ 이라 쓰고, ☐ 이라고 읽습니다.

(2)

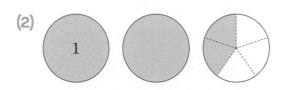

2와 $\dfrac{2}{5}$를 ☐ 라 쓰고, ☐ 라고 읽습니다.

(3) $1\dfrac{1}{3}$, $2\dfrac{2}{5}$와 같이 자연수와 진분수로 이루어진 분수를 ☐ 라고 합니다.

1 다음 분수를 보고 물음에 답하세요.

$$\frac{4}{9} \qquad \frac{7}{2} \qquad \frac{11}{6} \qquad \frac{8}{8} \qquad \frac{5}{12}$$

(1) 진분수를 모두 찾아 써 보세요.   (   )

(2) 가분수를 모두 찾아 써 보세요.   (   )

2 다음 분수를 보고 물음에 답하세요.

$$1\frac{2}{9} \qquad \frac{13}{6} \qquad \frac{3}{8} \qquad \frac{6}{3} \qquad 2\frac{3}{7}$$

(1) 대분수를 모두 찾아 써 보세요.   (   )

(2) 가분수를 모두 찾아 써 보세요.   (   )

3 사다리를 타고 내려가 도착한 곳이 맞으면 ○표, 틀리면 ✕표 하세요.

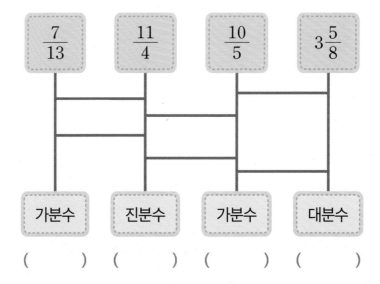

4 $\dfrac{\blacksquare}{8}$는 진분수입니다. 다음 중 ■가 될 수 없는 수는 어느 것인가요? ········· (   )

① 1   ② 2   ③ 4

④ 7   ⑤ 9

5 자연수 3을 분모가 10인 분수로 나타내 보세요.

(   )

6 분모가 6인 가분수 중에서 분자가 가장 작은 분수를 써 보세요.

(   )

7 자연수 부분이 5이고 분모가 4인 대분수를 모두 써 보세요.

(   )

8 민주는 과자를 만드는 데 밀가루를 $2\dfrac{5}{6}$컵, 설탕을 $\dfrac{6}{7}$컵, 우유를 $\dfrac{13}{9}$컵 사용했습니다. 민주가 사용한 양이 가분수인 재료는 무엇인가요?

(   )

13일차 정답 확인

하루한장 앱에서
학습 인증하고
하루템을 모으세요!

$1\dfrac{2}{3}$ 를 가분수로 나타내 볼까요?

 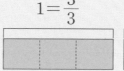 

$$1\frac{2}{3} \;\rightarrow\; \boxed{}\;\boxed{} \;\rightarrow\; \frac{5}{3}$$

❶ 대분수 $1\dfrac{2}{3}$ 에서 자연수 1을 가분수 $\dfrac{3}{3}$ 으로 나타냅니다.

❷ 가분수 $\dfrac{3}{3}$ 과 진분수 $\dfrac{2}{3}$ 에 단위분수 $\dfrac{1}{3}$ 이 모두 몇 개인지 세어 보면 5개입니다.

$$\rightarrow\; 1\frac{2}{3}=\frac{5}{3}$$

개념 확인

1 그림을 보고 대분수를 가분수로 나타내려고 합니다. ☐ 안에 알맞은 수를 써넣으세요.

(1)

대분수 $1\dfrac{2}{4}$ 는 $\dfrac{1}{4}$ 이 ☐ 개인 수입니다. → $1\dfrac{2}{4}=\dfrac{\boxed{}}{\boxed{}}$

(2)

대분수 $2\dfrac{1}{3}$ 은 $\dfrac{1}{3}$ 이 ☐ 개인 수입니다. → $2\dfrac{1}{3}=\dfrac{\boxed{}}{\boxed{}}$

(3)

대분수 $3\dfrac{3}{5}$ 은 $\dfrac{1}{5}$ 이 ☐ 개인 수입니다. → $3\dfrac{3}{5}=\dfrac{\boxed{}}{\boxed{}}$

$\dfrac{11}{4}$ 을 대분수로 나타내 볼까요?

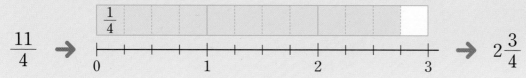

$\dfrac{11}{4}$ → 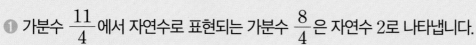 → $2\dfrac{3}{4}$

❶ 가분수 $\dfrac{11}{4}$ 에서 자연수로 표현되는 가분수 $\dfrac{8}{4}$ 은 자연수 2로 나타냅니다.

❷ 나머지 $\dfrac{3}{4}$ 은 진분수로 하여 $2\dfrac{3}{4}$ 으로 나타냅니다.

> 대분수를 가분수로, 가분수를
> 대분수로 나타낼 때 분모는
> 그대로 써!

$$→ \dfrac{11}{4} = 2\dfrac{3}{4}$$

스마트 학습

개념 확인

2 그림을 보고 가분수를 대분수로 나타내려고 합니다. ☐ 안에 알맞은 수를 써넣으세요.

(1)

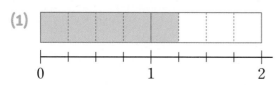

가분수 $\dfrac{5}{4}$ 는 자연수 1과 진분수 $\dfrac{\square}{\square}$ 만큼인 수입니다. → $\dfrac{5}{4} = \square\dfrac{\square}{\square}$

(2)

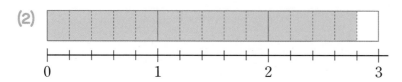

가분수 $\dfrac{14}{5}$ 는 자연수 $\square$ 와 진분수 $\dfrac{\square}{\square}$ 만큼인 수입니다. → $\dfrac{14}{5} = \square\dfrac{\square}{\square}$

(3)

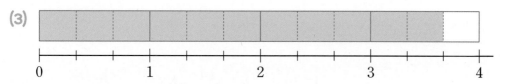

가분수 $\dfrac{11}{3}$ 은 자연수 $\square$ 과 진분수 $\dfrac{\square}{\square}$ 만큼인 수입니다. → $\dfrac{11}{3} = \square\dfrac{\square}{\square}$

1 그림을 보고 대분수를 가분수로 나타내 보세요.

(1)

$$2\frac{3}{7} = \frac{\square}{\square}$$

(2)

$$3\frac{3}{4} = \frac{\square}{\square}$$

2 그림을 보고 가분수를 대분수로 나타내 보세요.

(1)

$$\frac{12}{5} = \square\frac{\square}{\square}$$

(2)

$$\frac{19}{6} = \square\frac{\square}{\square}$$

3 대분수는 가분수로, 가분수는 대분수로 나타내 보세요.

(1) $1\frac{7}{8}$ ➔ (   )   (2) $3\frac{1}{2}$ ➔ (   )

(3) $2\frac{5}{9}$ ➔ (   )   (4) $5\frac{2}{3}$ ➔ (   )

(5) $\frac{9}{4}$ ➔ (   )   (6) $\frac{14}{3}$ ➔ (   )

(7) $\frac{18}{5}$ ➔ (   )   (8) $\frac{40}{7}$ ➔ (   )

$4\dfrac{3}{5}$은 $\dfrac{1}{5}$이 몇 개인 수이고, 가분수로 나타내면 얼마인지 차례로 써 보세요.

(   )개, (   )

 관계있는 것끼리 이어 보세요.

$2\dfrac{1}{7}$ •

$1\dfrac{6}{7}$ •

$3\dfrac{2}{7}$ •

• $\dfrac{23}{7}$

• $\dfrac{13}{7}$

• $\dfrac{15}{7}$

 ㉠과 ㉡에 알맞은 수 중에서 더 큰 것의 기호를 써 보세요.

$$\dfrac{25}{6}=4\dfrac{㉠}{6} \qquad \dfrac{25}{9}=㉡\dfrac{7}{9}$$

(   )

7 서하가 키우는 사슴벌레의 길이는 $\dfrac{47}{10}$ cm 입니다. 이 사슴벌레의 길이를 대분수로 나타 내 보세요.

(   ) cm

15일차 분수의 크기 비교

분모가 같은 가분수(대분수)의 크기를 비교해 볼까요?

(1) 분모가 같은 가분수의 크기 비교

- $\dfrac{5}{4}$와 $\dfrac{7}{4}$의 크기 비교

  분자의 크기를 비교하면 $5 < 7$이므로 $\dfrac{5}{4} < \dfrac{7}{4}$입니다.

스마트 학습

(2) 분모가 같은 대분수의 크기 비교

- $1\dfrac{2}{3}$와 $2\dfrac{1}{3}$의 크기 비교

  자연수의 크기를 비교하면 $1 < 2$이므로 $1\dfrac{2}{3} < 2\dfrac{1}{3}$입니다.

- $3\dfrac{4}{5}$와 $3\dfrac{2}{5}$의 크기 비교

  자연수의 크기가 같으므로 분자의 크기를 비교하면 $3\dfrac{4}{5} > 3\dfrac{2}{5}$입니다.

개념 확인

1 주어진 분수의 크기를 비교하려고 합니다. ◯ 안에 $>$, $=$, $<$를 알맞게 써넣으세요.

(1) $\dfrac{8}{3}$ $\dfrac{5}{3}$ 분자의 크기를 비교하면 $8 \bigcirc 5$이므로 $\dfrac{8}{3} \bigcirc \dfrac{5}{3}$입니다.

(2) $\dfrac{7}{6}$ $\dfrac{11}{6}$ 분자의 크기를 비교하면 $7 \bigcirc 11$이므로 $\dfrac{7}{6} \bigcirc \dfrac{11}{6}$입니다.

(3) $2\dfrac{2}{5}$ $3\dfrac{1}{5}$ 자연수의 크기를 비교하면 $2 \bigcirc 3$이므로 $2\dfrac{2}{5} \bigcirc 3\dfrac{1}{5}$입니다.

(4) $2\dfrac{4}{8}$ $2\dfrac{2}{8}$ 자연수의 크기가 같으므로 분자의 크기를 비교하면

$2\dfrac{4}{8} \bigcirc 2\dfrac{2}{8}$입니다.

분모가 같은 가분수와 대분수의 크기를 비교해 볼까요?

• $\dfrac{7}{3}$과 $2\dfrac{2}{3}$의 크기 비교

방법 1 대분수를 가분수로 나타내어 크기 비교하기

$2\dfrac{2}{3}$를 가분수로 나타내면 $\dfrac{8}{3}$이고 $\dfrac{7}{3} < \dfrac{8}{3}$이므로 $\dfrac{7}{3} < 2\dfrac{2}{3}$입니다.

> 분자의 크기를 비교해.

스마트 학습

방법 2 가분수를 대분수로 나타내어 크기 비교하기

$\dfrac{7}{3}$을 대분수로 나타내면 $2\dfrac{1}{3}$이고 $2\dfrac{1}{3} < 2\dfrac{2}{3}$이므로 $\dfrac{7}{3} < 2\dfrac{2}{3}$입니다.

> 자연수의 크기가 같으니까
> 분자의 크기를 비교해.

개념 확인

2 주어진 분수의 크기를 비교하려고 합니다. ☐ 안에 알맞은 분수를 써넣고, ◯ 안에 >, =, <를 알맞게 써넣으세요.

(1) $1\dfrac{3}{5}$ $\dfrac{12}{5}$ $1\dfrac{3}{5}$을 가분수로 나타내면 ☐이고 ☐ ◯ $\dfrac{12}{5}$이므로

$1\dfrac{3}{5}$ ◯ $\dfrac{12}{5}$입니다.

(2) $2\dfrac{1}{4}$ $\dfrac{9}{4}$ $2\dfrac{1}{4}$을 가분수로 나타내면 ☐이고 ☐ ◯ $\dfrac{9}{4}$이므로

$2\dfrac{1}{4}$ ◯ $\dfrac{9}{4}$입니다.

(3) $\dfrac{12}{7}$ $1\dfrac{2}{7}$ $\dfrac{12}{7}$를 대분수로 나타내면 ☐이고 ☐ ◯ $1\dfrac{2}{7}$이므로

$\dfrac{12}{7}$ ◯ $1\dfrac{2}{7}$입니다.

(4) $\dfrac{16}{9}$ $2\dfrac{1}{9}$ $\dfrac{16}{9}$을 대분수로 나타내면 ☐이고 ☐ ◯ $2\dfrac{1}{9}$이므로

$\dfrac{16}{9}$ ◯ $2\dfrac{1}{9}$입니다.

가분수의 크기를 비교하여 ◯ 안에 >, =, <를 알맞게 써넣으세요.

(1) $\dfrac{5}{2}$ ◯ $\dfrac{7}{2}$

(2) $\dfrac{19}{6}$ ◯ $\dfrac{15}{6}$

(3) $\dfrac{8}{3}$ ◯ $\dfrac{13}{3}$

(4) $\dfrac{11}{7}$ ◯ $\dfrac{10}{7}$

(5) $\dfrac{16}{9}$ ◯ $\dfrac{12}{9}$

(6) $\dfrac{17}{8}$ ◯ $\dfrac{21}{8}$

② 대분수의 크기를 비교하여 ◯ 안에 >, =, <를 알맞게 써넣으세요.

(1) $2\dfrac{1}{8}$ ◯ $1\dfrac{3}{8}$

(2) $1\dfrac{3}{7}$ ◯ $5\dfrac{6}{7}$

(3) $4\dfrac{2}{9}$ ◯ $2\dfrac{7}{9}$

(4) $3\dfrac{1}{6}$ ◯ $3\dfrac{5}{6}$

(5) $2\dfrac{3}{5}$ ◯ $2\dfrac{4}{5}$

(6) $1\dfrac{11}{12}$ ◯ $1\dfrac{5}{12}$

가분수 또는 대분수로 나타내지 않고 분자의 크기만 비교하면 안 돼!

③ 분수의 크기를 비교하여 ◯ 안에 >, =, <를 알맞게 써넣으세요.

(1) $\dfrac{13}{6}$ ◯ $3\dfrac{5}{6}$

(2) $\dfrac{22}{9}$ ◯ $1\dfrac{5}{9}$

(3) $\dfrac{19}{5}$ ◯ $3\dfrac{4}{5}$

(4) $2\dfrac{5}{8}$ ◯ $\dfrac{27}{8}$

(5) $3\dfrac{4}{7}$ ◯ $\dfrac{16}{7}$

(6) $1\dfrac{9}{10}$ ◯ $\dfrac{19}{10}$

4 더 큰 분수의 기호를 써 보세요.

㉠ $\frac{1}{4}$이 19개인 수   ㉡ $\frac{17}{4}$

(   )

5 분수의 크기를 바르게 비교한 것에 ○표 하세요.

$5\frac{3}{8} < 3\frac{7}{8}$ ◯ $2\frac{9}{13} > 2\frac{5}{13}$ ◯

6 두 분수의 크기를 비교하여 더 큰 분수를 빈칸에 써넣으세요.

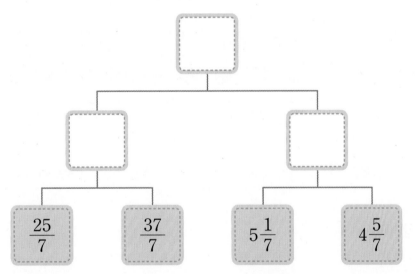

$\frac{25}{7}$ $\frac{37}{7}$ $5\frac{1}{7}$ $4\frac{5}{7}$

7 끈을 서연이는 $4\frac{5}{9}$ m, 동생은 $\frac{32}{9}$ m 가지고 있습니다. 서연이와 동생 중에서 더 짧은 끈을 가지고 있는 사람은 누구인가요?

(   )

1 옥수수 16개를 똑같이 8묶음으로 나누어 보고, ☐ 안에 알맞은 수를 써넣으세요.

부분  은 전체를 똑같이 8묶음으로 나눈 것 중의 ☐ 묶음이

므로 전체의 $\dfrac{\square}{\square}$ 입니다.

2 구슬 18개를 3개씩 묶어 보고, ☐ 안에 알맞은 수를 써넣으세요.

12는 18을 똑같이 ☐ 묶음으로 나눈 것 중의 ☐ 묶음이므로 12는 18의 $\dfrac{\square}{\square}$

입니다.

3 자연수를 분수로 잘못 나타낸 친구는 누구인가요?

$$1 = \frac{7}{7}$$

선아

$$3 = \frac{3}{3}$$

나현

$$2 = \frac{18}{9}$$

유성

(   )

4 색칠한 부분을 가분수와 대분수로 나타내 보세요.

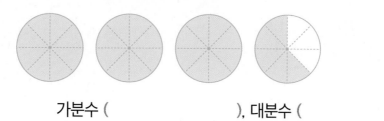

가분수 (　　　　　　　　), 대분수 (　　　　　　　　　)

5 조건에 맞게 별의 수만큼 색칠하고, ☐ 안에 알맞은 수를 써넣으세요.

조건

빨간색 별: 24의 $\frac{1}{6}$

노란색 별: 24의 $\frac{5}{6}$

빨간색 별은 ☐개이고, 노란색 별은 ☐개입니다.

6 대분수와 가분수를 바꾸어 나타내려고 합니다. 사다리를 타고 내려가 도착한 곳이 맞으면 ○표, 틀리면 ✕표 하세요.

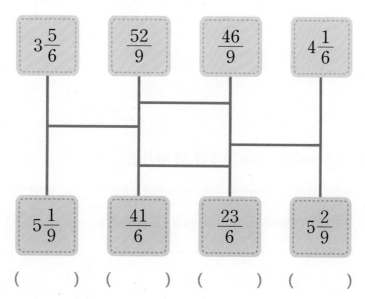

$3\frac{5}{6}$　$\frac{52}{9}$　$\frac{46}{9}$　$4\frac{1}{6}$

$5\frac{1}{9}$　$\frac{41}{6}$　$\frac{23}{6}$　$5\frac{2}{9}$

(　　　) (　　　) (　　　) (　　　)

7 분수의 크기를 비교하여 ◯ 안에 >, =, <를 알맞게 써넣으세요.

(1) $\dfrac{15}{4}$ ◯ $\dfrac{19}{4}$　　　　(2) $5\dfrac{1}{6}$ ◯ $4\dfrac{5}{6}$

(3) $\dfrac{35}{8}$ ◯ $3\dfrac{7}{8}$　　　　(4) $2\dfrac{2}{9}$ ◯ $\dfrac{22}{9}$

8 희주네 집은 몇 층인지 구하려고 합니다. ▢ 안에 알맞은 수를 써넣으세요.

- 36을 4씩 묶으면 8은 36의 $\dfrac{㉠}{9}$입니다.

- 36을 9씩 묶으면 27은 36의 $\dfrac{㉡}{4}$입니다.

9 주어진 분수가 어떤 분수인지 알맞게 이어 보세요.

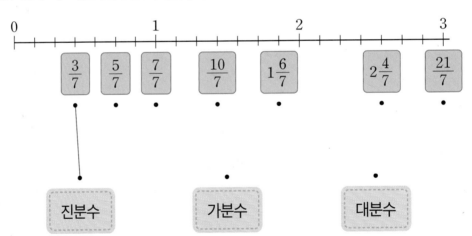

진분수　　가분수　　대분수

10 길이가 다른 하나를 찾아 기호를 써 보세요.

㉠ 36 cm의 $\dfrac{2}{3}$　　㉡ 42 cm의 $\dfrac{4}{7}$　　㉢ 48 cm의 $\dfrac{3}{8}$

(　　　　　　)

11 소정이가 친구들과 놀이터에서 논 시간은 몇 시간인가요?

어제 하루 24시간 중에서 $\frac{1}{12}$ 만큼 놀이터에서 놀았어.

소정

(   )시간

12 $\frac{21}{8}$ 과 같거나 큰 분수를 모두 찾아 ○표 하세요.

$2\frac{5}{8}$

$2\frac{2}{8}$

$\frac{23}{8}$

$\frac{19}{8}$

3

$3\frac{1}{8}$

개념 찾기

틀린 문제는 개념을
다시 확인해 보세요.

**16일차
정답 확인**

개념	문제 번호
09일차 부분은 전체의 얼마인지 분수로 나타내기(1)	1
10일차 부분은 전체의 얼마인지 분수로 나타내기(2)	2, 8
11일차 전체의 분수만큼은 얼마인지 알아보기(1)	5
12일차 전체의 분수만큼은 얼마인지 알아보기(2)	10, 11
13일차 여러 가지 분수 알아보기	3, 4, 9
14일차 대분수와 가분수를 바꾸어 나타내기	6
15일차 분수의 크기 비교	7, 12

우리가 살아가야 할 지구, 이 지구를 지키기 위해 우리는 생활 속에서 항상 환경을 지키려는 노력을
해야 합니다. 공원에서 찾을 수 있는 환경지킴이를 찾아 ○표 하세요.

분수의 덧셈과 뺄셈

17일차 분모가 같은 (진분수)+(진분수)

$\dfrac{1}{5}+\dfrac{2}{5}$ 를 계산해 볼까요?

스마트 학습

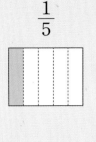

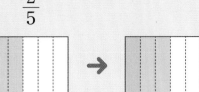

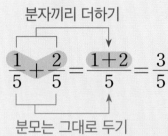

분자끼리 더하기

$$\dfrac{1}{5}+\dfrac{2}{5}=\dfrac{1+2}{5}=\dfrac{3}{5}$$

분모는 그대로 두기

분수의 덧셈을 할 때 분모끼리 더하지 않도록 해.
$$\dfrac{1}{5}+\dfrac{2}{5}=\dfrac{1+2}{5+5}\,(\times)$$

개념확인

1 오른쪽 그림에 두 분수의 합만큼 색칠하고, ☐ 안에 알맞은 수를 써넣으세요.

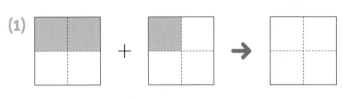

(1) $\dfrac{2}{4}+\dfrac{1}{4}=\dfrac{\boxed{}+\boxed{}}{4}=\dfrac{\boxed{}}{4}$

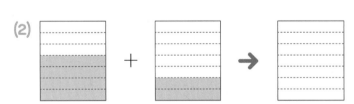

(2) $\dfrac{4}{7}+\dfrac{2}{7}=\dfrac{\boxed{}+\boxed{}}{7}=\dfrac{\boxed{}}{7}$

개념확인

2 ☐ 안에 알맞은 수를 써넣으세요.

(1) $\dfrac{2}{6}+\dfrac{3}{6}=\dfrac{\boxed{}+\boxed{}}{\boxed{}}=\dfrac{\boxed{}}{\boxed{}}$

(2) $\dfrac{7}{10}+\dfrac{2}{10}=\dfrac{\boxed{}+\boxed{}}{\boxed{}}=\dfrac{\boxed{}}{\boxed{}}$

$\dfrac{4}{5} + \dfrac{3}{5}$ 을 계산해 볼까요?

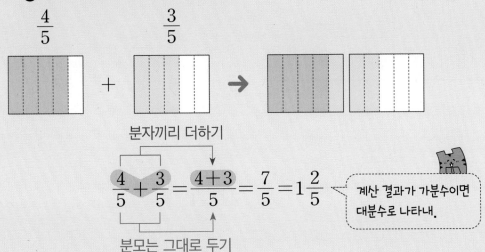

$$\dfrac{4}{5} + \dfrac{3}{5} = \dfrac{4+3}{5} = \dfrac{7}{5} = 1\dfrac{2}{5}$$

분자끼리 더하기

분모는 그대로 두기

계산 결과가 가분수이면 대분수로 나타내.

스마트 학습

개념 확인

3 오른쪽 그림에 두 분수의 합만큼 색칠하고, ☐ 안에 알맞은 수를 써넣으세요.

(1)

$$\dfrac{1}{3} + \dfrac{2}{3} = \dfrac{\boxed{} + \boxed{}}{3} = \dfrac{\boxed{}}{3} = \boxed{}$$

(2)

$$\dfrac{4}{6} + \dfrac{3}{6} = \dfrac{\boxed{} + \boxed{}}{6} = \dfrac{\boxed{}}{6} = \boxed{}\dfrac{\boxed{}}{6}$$

개념 확인

4 ☐ 안에 알맞은 수를 써넣으세요.

(1) $\dfrac{7}{9} + \dfrac{6}{9} = \dfrac{\boxed{} + \boxed{}}{\boxed{}} = \dfrac{\boxed{}}{\boxed{}} = \boxed{}\dfrac{\boxed{}}{\boxed{}}$

(2) $\dfrac{5}{12} + \dfrac{9}{12} = \dfrac{\boxed{} + \boxed{}}{\boxed{}} = \dfrac{\boxed{}}{\boxed{}} = \boxed{}\dfrac{\boxed{}}{\boxed{}}$

1 ☐ 안에 알맞은 수를 써넣으세요.

(1)

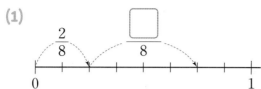

$$\frac{2}{8} + \frac{4}{8} = \frac{\boxed{}+\boxed{}}{8} = \frac{\boxed{}}{8}$$

(2)

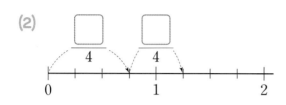

$$\frac{3}{4} + \frac{2}{4} = \frac{\boxed{}+\boxed{}}{4}$$

$$= \frac{\boxed{}}{4} = \boxed{}\frac{\boxed{}}{4}$$

2 계산해 보세요.

(1) $\dfrac{3}{5} + \dfrac{1}{5}$

(2) $\dfrac{1}{6} + \dfrac{4}{6}$

(3) $\dfrac{5}{8} + \dfrac{2}{8}$

(4) $\dfrac{7}{12} + \dfrac{3}{12}$

(5) $\dfrac{3}{4} + \dfrac{3}{4}$

(6) $\dfrac{4}{7} + \dfrac{6}{7}$

(7) $\dfrac{2}{10} + \dfrac{8}{10}$

(8) $\dfrac{9}{13} + \dfrac{5}{13}$

3 바르게 계산한 친구는 누구인가요?

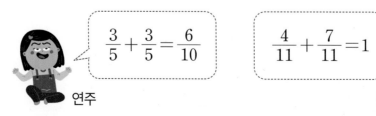

$$\frac{3}{5} + \frac{3}{5} = \frac{6}{10}$$

연주

$$\frac{4}{11} + \frac{7}{11} = 1$$

정환

(   )

4 빈칸에 알맞은 분수를 써넣으세요.

(1) $\dfrac{2}{7}$ $+\dfrac{3}{7}$ □

(2) $\dfrac{6}{11}$ $+\dfrac{9}{11}$ □

5 다음이 나타내는 수를 구해 보세요.

$$\dfrac{2}{9} \text{보다} \dfrac{5}{9} \text{더 큰 수}$$

(   )

6 계산 결과가 1보다 크고 2보다 작은 덧셈식을 찾아 색칠해 보세요.

$\dfrac{5}{6}+\dfrac{4}{6}$ $\dfrac{3}{10}+\dfrac{6}{10}$ $\dfrac{8}{15}+\dfrac{7}{15}$

7 선호는 주스를 아침에는 $\dfrac{3}{8}$ L 마셨고, 저녁에는 $\dfrac{7}{8}$ L 마셨습니다. 선호가 아침과 저녁에 마신 주스는 모두 몇 L인가요?

식

답   L

하루한장 앱에서
학습 인증하고
하루템을 모으세요!

$1\dfrac{1}{4} + 1\dfrac{2}{4}$ 를 계산해 볼까요?

방법 ① 자연수 부분끼리, 진분수 부분끼리 계산하기

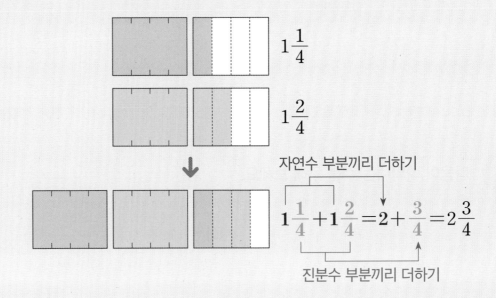

$1\dfrac{1}{4}$

$1\dfrac{2}{4}$

자연수 부분끼리 더하기

$1\dfrac{1}{4} + 1\dfrac{2}{4} = 2 + \dfrac{3}{4} = 2\dfrac{3}{4}$

진분수 부분끼리 더하기

개념 확인

1 □ 안에 알맞은 수를 써넣으세요.

(1) $1\dfrac{2}{5} + 1\dfrac{1}{5} = 2 + \dfrac{\boxed{}}{5} = \boxed{}\dfrac{\boxed{}}{5}$

(2) $1\dfrac{3}{6} + 2\dfrac{2}{6} = \boxed{} + \dfrac{\boxed{}}{6} = \boxed{}\dfrac{\boxed{}}{6}$

(3) $2\dfrac{1}{7} + 1\dfrac{5}{7} = \boxed{} + \dfrac{\boxed{}}{7} = \boxed{}\dfrac{\boxed{}}{7}$

(4) $2\dfrac{2}{12} + 2\dfrac{6}{12} = \boxed{} + \dfrac{\boxed{}}{\boxed{}} = \boxed{}\dfrac{\boxed{}}{\boxed{}}$

$$1\frac{1}{4} = \frac{5}{4} \qquad 1\frac{2}{4} = \frac{6}{4}$$

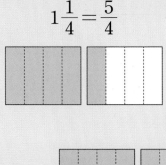

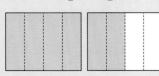

$$1\frac{1}{4} + 1\frac{2}{4} = \frac{5}{4} + \frac{6}{4} = \frac{11}{4} = 2\frac{3}{4}$$

대분수를 가분수로 바꾸기

가분수의 덧셈도 진분수의 덧셈과 같이 분모는 그대로 두고 분자끼리 더해.

개념 확인

2 ☐ 안에 알맞은 수를 써넣으세요.

(1) $1\frac{1}{3} + 1\frac{1}{3} = \frac{4}{3} + \frac{\boxed{}}{3} = \frac{\boxed{}}{3} = \boxed{}\frac{\boxed{}}{3}$

(2) $2\frac{3}{5} + 1\frac{1}{5} = \frac{\boxed{}}{5} + \frac{\boxed{}}{5} = \frac{\boxed{}}{5} = \boxed{}\frac{\boxed{}}{5}$

(3) $1\frac{2}{9} + 2\frac{3}{9} = \frac{\boxed{}}{9} + \frac{\boxed{}}{9} = \frac{\boxed{}}{9} = \boxed{}\frac{\boxed{}}{9}$

(4) $3\frac{5}{10} + 2\frac{4}{10} = \frac{\boxed{}}{\boxed{}} + \frac{\boxed{}}{\boxed{}} = \frac{\boxed{}}{\boxed{}} = \boxed{}\frac{\boxed{}}{\boxed{}}$

1 ☐ 안에 알맞은 수를 써넣으세요.

(1)

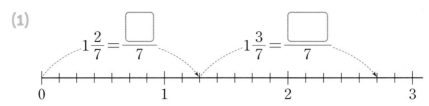

$$1\frac{2}{7} + 1\frac{3}{7} = \frac{\boxed{}}{7} + \frac{\boxed{}}{7} = \frac{\boxed{}}{7} = \boxed{}\frac{\boxed{}}{7}$$

(2)

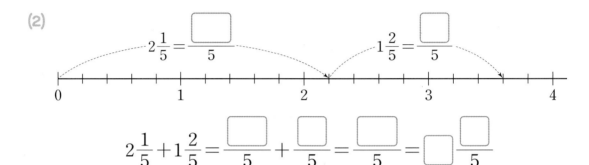

$$2\frac{1}{5} + 1\frac{2}{5} = \frac{\boxed{}}{5} + \frac{\boxed{}}{5} = \frac{\boxed{}}{5} = \boxed{}\frac{\boxed{}}{5}$$

2 계산해 보세요.

(1) $3\frac{2}{4} + \frac{1}{4}$

(2) $2\frac{4}{9} + 1\frac{2}{9}$

(3) $2\frac{5}{8} + 3\frac{2}{8}$

(4) $1\frac{3}{6} + 4\frac{2}{6}$

(5) $5\frac{3}{10} + 2\frac{1}{10}$

(6) $4\frac{1}{5} + 4\frac{3}{5}$

3 빈칸에 알맞은 분수를 써넣으세요.

(1)

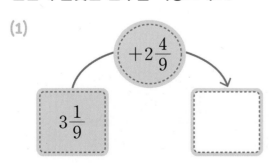

(2)

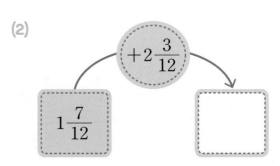

4 계산 결과를 찾아 이어 보세요.

$$3\frac{4}{7}+1\frac{1}{7}$$

$$1\frac{2}{7}+3\frac{4}{7}$$

$$2\frac{1}{7}+2\frac{3}{7}$$

$$4\frac{4}{7}$$

$$4\frac{6}{7}$$

$$4\frac{5}{7}$$

5 두 분수의 합을 구해 보세요.

(1) $1\frac{2}{5}$ $3\frac{1}{5}$

(   )

(2) $4\frac{6}{11}$ $2\frac{3}{11}$

(   )

6 계산 결과를 비교하여 ◯ 안에 >, =, <를 알맞게 써넣으세요.

(1) $2\frac{3}{8}+3\frac{3}{8}$ ◯ $4\frac{5}{8}+\frac{1}{8}$

(2) $1\frac{5}{20}+2\frac{11}{20}$ ◯ $2\frac{12}{20}+1\frac{7}{20}$

7 연서의 몸무게는 $31\frac{2}{5}$ kg이고, 재우의 몸무게는 연서보다 $3\frac{1}{5}$ kg 더 무겁습니다.
재우의 몸무게는 몇 kg인가요?

 식

 답 _____ kg

$1\dfrac{2}{5} + 1\dfrac{4}{5}$ 를 계산해 볼까요?

방법 ① 자연수 부분끼리, 진분수 부분끼리 계산하기

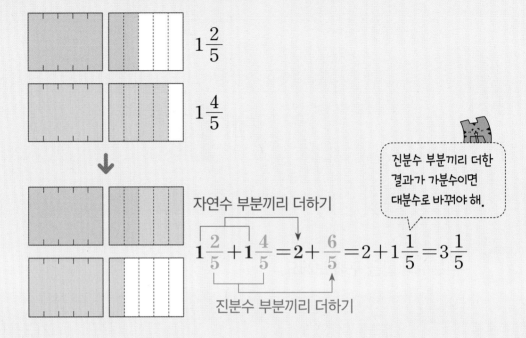

$1\dfrac{2}{5}$

$1\dfrac{4}{5}$

자연수 부분끼리 더하기

$$1\dfrac{2}{5} + 1\dfrac{4}{5} = 2 + \dfrac{6}{5} = 2 + 1\dfrac{1}{5} = 3\dfrac{1}{5}$$

진분수 부분끼리 더하기

진분수 부분끼리 더한 결과가 가분수이면 대분수로 바꿔야 해.

개념 확인

1 ☐ 안에 알맞은 수를 써넣으세요.

(1) $1\dfrac{2}{3} + 1\dfrac{2}{3} = 2 + \dfrac{\boxed{}}{3} = 2 + \boxed{}\dfrac{\boxed{}}{3} = \boxed{}\dfrac{\boxed{}}{3}$

(2) $2\dfrac{5}{6} + 1\dfrac{3}{6} = \boxed{} + \dfrac{\boxed{}}{6} = \boxed{} + \boxed{}\dfrac{\boxed{}}{6} = \boxed{}\dfrac{\boxed{}}{6}$

(3) $1\dfrac{6}{9} + 2\dfrac{7}{9} = \boxed{} + \dfrac{\boxed{}}{9} = \boxed{} + \boxed{}\dfrac{\boxed{}}{9} = \boxed{}\dfrac{\boxed{}}{9}$

(4) $2\dfrac{4}{12} + 3\dfrac{11}{12} = \boxed{} + \dfrac{\boxed{}}{\boxed{}} = \boxed{} + \boxed{}\dfrac{\boxed{}}{\boxed{}} = \boxed{}\dfrac{\boxed{}}{\boxed{}}$

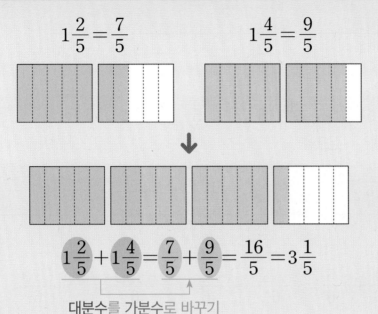

$$1\frac{2}{5}=\frac{7}{5} \qquad 1\frac{4}{5}=\frac{9}{5}$$

$$1\frac{2}{5}+1\frac{4}{5}=\frac{7}{5}+\frac{9}{5}=\frac{16}{5}=3\frac{1}{5}$$

대분수를 가분수로 바꾸기

개념 확인

2 □ 안에 알맞은 수를 써넣으세요.

(1) $1\dfrac{3}{4}+1\dfrac{2}{4}=\dfrac{7}{4}+\dfrac{\boxed{}}{4}=\dfrac{\boxed{}}{4}=\boxed{}\dfrac{\boxed{}}{4}$

(2) $1\dfrac{1}{3}+2\dfrac{2}{3}=\dfrac{\boxed{}}{3}+\dfrac{\boxed{}}{3}=\dfrac{\boxed{}}{3}=\boxed{}$

(3) $2\dfrac{3}{5}+1\dfrac{4}{5}=\dfrac{\boxed{}}{5}+\dfrac{\boxed{}}{5}=\dfrac{\boxed{}}{5}=\boxed{}\dfrac{\boxed{}}{5}$

(4) $3\dfrac{7}{8}+2\dfrac{5}{8}=\dfrac{\boxed{}}{\boxed{}}+\dfrac{\boxed{}}{\boxed{}}=\dfrac{\boxed{}}{\boxed{}}=\boxed{}\dfrac{\boxed{}}{\boxed{}}$

1 ☐ 안에 알맞은 수를 써넣으세요.

(1)

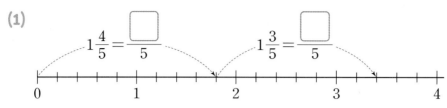

$$1\frac{4}{5}+1\frac{3}{5}=\frac{\boxed{}}{5}+\frac{\boxed{}}{5}=\frac{\boxed{}}{5}=\boxed{}\frac{\boxed{}}{5}$$

(2)

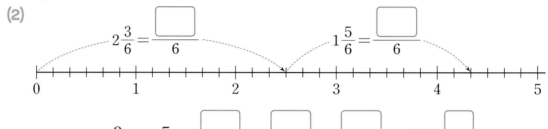

$$2\frac{3}{6}+1\frac{5}{6}=\frac{\boxed{}}{6}+\frac{\boxed{}}{6}=\frac{\boxed{}}{6}=\boxed{}\frac{\boxed{}}{6}$$

2 계산해 보세요.

(1) $1\frac{3}{4}+3\frac{3}{4}$ (2) $3\frac{4}{7}+2\frac{5}{7}$

(3) $2\frac{5}{9}+1\frac{8}{9}$ (4) $4\frac{3}{8}+2\frac{5}{8}$

(5) $1\frac{7}{12}+4\frac{9}{12}$ (6) $2\frac{8}{15}+5\frac{11}{15}$

3 빈칸에 알맞은 분수를 써넣으세요.

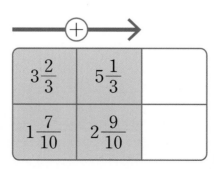

4 어림한 결과가 4보다 크고 5보다 작은 덧셈식에 ○표 하세요.

$4\frac{1}{5}+1\frac{2}{5}$ $1\frac{3}{8}+2\frac{7}{8}$ ◯ $2\frac{6}{11}+2\frac{6}{11}$

 5 계산 결과가 더 큰 식에 색칠해 보세요.

$2\frac{1}{9}+2\frac{3}{9}$ $1\frac{4}{9}+2\frac{7}{9}$

6 공에 적혀 있는 수 중에서 가장 큰 분수와 가장 작은 분수의 합을 구해 보세요.

$1\frac{6}{7}$ $3\frac{4}{7}$ $2\frac{5}{7}$

( )

7 민수 어머니께서 소고기 $1\frac{17}{20}$ kg과 돼지고기 $1\frac{19}{20}$ kg을 사 오셨습니다. 민수 어머니께서 사 오신 소고기와 돼지고기는 모두 몇 kg인가요?

  kg

하루한장 앱에서
학습 인증하고
하루템을 모으세요!

20일차 마무리 하기

1 $\dfrac{2}{5} + \dfrac{4}{5}$ 가 얼마인지 알아보려고 합니다. ☐ 안에 알맞은 수를 써넣으세요.

$\dfrac{2}{5}$ 는 $\dfrac{1}{5}$ 이 ☐개, $\dfrac{4}{5}$ 는 $\dfrac{1}{5}$ 이 ☐개이므로

$\dfrac{2}{5} + \dfrac{4}{5}$ 는 $\dfrac{1}{5}$ 이 ☐개입니다.

➡ $\dfrac{2}{5} + \dfrac{4}{5} = \dfrac{☐ + ☐}{5} = \dfrac{☐}{5} = ☐\dfrac{☐}{5}$

2 $2\dfrac{7}{9} + 3\dfrac{1}{9}$ 을 2가지 방법으로 계산해 보세요.

방법① 자연수 부분끼리, 진분수 부분끼리 계산하기

$2\dfrac{7}{9} + 3\dfrac{1}{9}$ _____

방법② 대분수를 가분수로 바꾸어 계산하기

$2\dfrac{7}{9} + 3\dfrac{1}{9}$ _____

3 계산해 보세요.

(1) $\dfrac{3}{8} + \dfrac{2}{8}$

(2) $\dfrac{4}{9} + \dfrac{7}{9}$

(3) $2\dfrac{2}{11} + 3\dfrac{5}{11}$

(4) $4\dfrac{6}{7} + 1\dfrac{5}{7}$

4 빈칸에 두 분수의 합을 써넣으세요.

(1)

$\dfrac{2}{13}$	$\dfrac{8}{13}$

(2)

$\dfrac{7}{10}$	$\dfrac{9}{10}$

5 선아가 말하는 수를 구해 보세요.

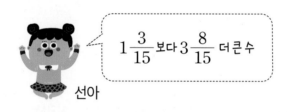

$1\dfrac{3}{15}$ 보다 $3\dfrac{8}{15}$ 더 큰 수

선아

(　　　　　　　　)

6 계산 결과를 찾아 이어 보세요.

$2\dfrac{3}{9}+3\dfrac{8}{9}$ ·

$4\dfrac{7}{9}+1\dfrac{5}{9}$ ·

$3\dfrac{1}{9}+3\dfrac{6}{9}$ ·

· $6\dfrac{7}{9}$

· $6\dfrac{2}{9}$

· $6\dfrac{3}{9}$

7 계산 결과가 작은 것부터 차례로 ◯ 안에 1, 2, 3을 써넣으세요.

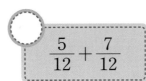 $\dfrac{5}{12}+\dfrac{7}{12}$

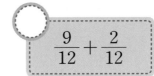 $\dfrac{9}{12}+\dfrac{2}{12}$

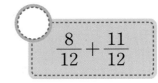 $\dfrac{8}{12}+\dfrac{11}{12}$

8 잘못 계산한 곳을 찾아 바르게 계산해 보세요.

$3\dfrac{4}{5}+2\dfrac{3}{5}=5\dfrac{7}{10}$ →

9 예지네 집에서 학교를 지나 도서관까지 가는 거리는 몇 km인가요?

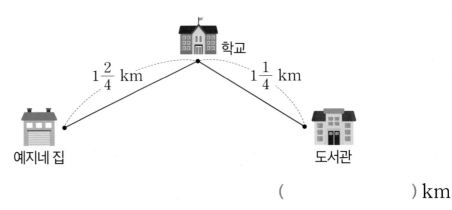

( ) km

10 수 카드 2 , 6 , 7 을 한 번씩만 사용하여 가장 큰 대분수를 만들었습니다. 만든 대분수와 $1\dfrac{4}{6}$ 의 합을 구해 보세요.

( )

11 ☐ 안에 들어갈 수 있는 가장 작은 자연수를 구해 보세요.

$$\boxed{} > 4\frac{5}{8} + 3\frac{1}{8}$$

(   )

12 선물 상자를 포장하는 데 빨간색 끈은 $1\frac{5}{7}$ m 사용했고,

노란색 끈은 빨간색 끈보다 $\frac{6}{7}$ m 더 많이 사용했습니다.

선물 상자를 포장하는 데 사용한 빨간색 끈과 노란색 끈은
모두 몇 m인가요?

(   ) m

빠른
개념 찾기

틀린 문제는 개념을
다시 확인해 보세요.

20일차
정답 확인

개념		문제 번호
17일차 분모가 같은 (진분수)+(진분수)		**1, 3(1), 3(2), 4, 7**
18일차 분모가 같은 (대분수)+(대분수)(1) _받아올림이 없는 계산		**2, 3(3), 5, 9, 11**
19일차 분모가 같은 (대분수)+(대분수)(2) _받아올림이 있는 계산		**3(4), 6, 8, 10, 12**

분모가 같은 (진분수)−(진분수), 1−(진분수)

$\dfrac{4}{5} - \dfrac{1}{5}$ 을 계산해 볼까요?

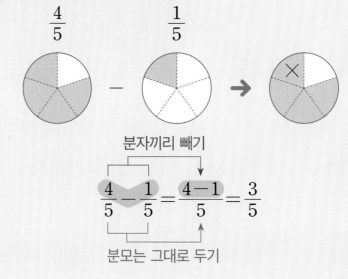

$$\dfrac{4}{5} - \dfrac{1}{5} = \dfrac{4-1}{5} = \dfrac{3}{5}$$

분자끼리 빼기

분모는 그대로 두기

스마트 학습

개념 확인

1 오른쪽 그림에 빼는 수만큼 ✕표 하고, ▢ 안에 알맞은 수를 써넣으세요.

(1)

$$\dfrac{3}{4} - \dfrac{2}{4} = \dfrac{\boxed{}-\boxed{}}{4} = \dfrac{\boxed{}}{4}$$

(2)

$$\dfrac{6}{7} - \dfrac{4}{7} = \dfrac{\boxed{}-\boxed{}}{7} = \dfrac{\boxed{}}{7}$$

개념 확인

2 ▢ 안에 알맞은 수를 써넣으세요.

(1) $\dfrac{5}{6} - \dfrac{3}{6} = \dfrac{\boxed{}-\boxed{}}{\boxed{}} = \dfrac{\boxed{}}{\boxed{}}$

(2) $\dfrac{7}{9} - \dfrac{2}{9} = \dfrac{\boxed{}-\boxed{}}{\boxed{}} = \dfrac{\boxed{}}{\boxed{}}$

$1 - \dfrac{2}{3}$ 를 계산해 볼까요?

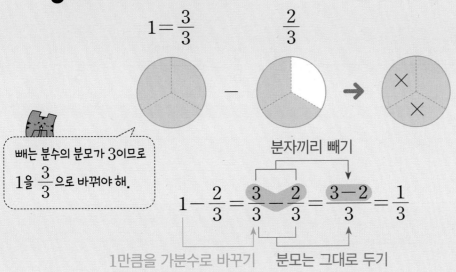

$1 = \dfrac{3}{3}$ 　　 $\dfrac{2}{3}$

빼는 분수의 분모가 3이므로 1을 $\dfrac{3}{3}$으로 바꿔야 해.

분자끼리 빼기

$$1 - \dfrac{2}{3} = \dfrac{3}{3} - \dfrac{2}{3} = \dfrac{3-2}{3} = \dfrac{1}{3}$$

1만큼을 가분수로 바꾸기 　　 분모는 그대로 두기

개념 확인

3 오른쪽 그림에 빼는 수만큼 ✕표 하고, ☐ 안에 알맞은 수를 써넣으세요.

(1)

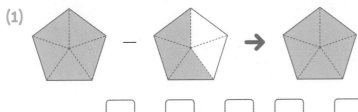

$$1 - \dfrac{3}{5} = \dfrac{\boxed{}}{5} - \dfrac{\boxed{}}{5} = \dfrac{\boxed{} - \boxed{}}{5} = \dfrac{\boxed{}}{5}$$

(2)

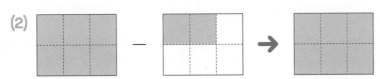

$$1 - \dfrac{2}{6} = \dfrac{\boxed{}}{6} - \dfrac{\boxed{}}{6} = \dfrac{\boxed{} - \boxed{}}{6} = \dfrac{\boxed{}}{6}$$

개념 확인

4 ☐ 안에 알맞은 수를 써넣으세요.

(1) $$1 - \dfrac{1}{4} = \dfrac{\boxed{}}{4} - \dfrac{\boxed{}}{4} = \dfrac{\boxed{} - \boxed{}}{\boxed{}} = \dfrac{\boxed{}}{\boxed{}}$$

(2) $$1 - \dfrac{6}{8} = \dfrac{\boxed{}}{8} - \dfrac{\boxed{}}{8} = \dfrac{\boxed{} - \boxed{}}{\boxed{}} = \dfrac{\boxed{}}{\boxed{}}$$

 □ 안에 알맞은 수를 써넣으세요.

(1)

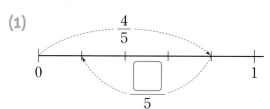

$$\frac{4}{5} - \frac{3}{5} = \frac{\boxed{} - \boxed{}}{5} = \frac{\boxed{}}{5}$$

(2)

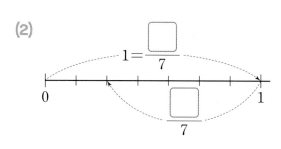

$$1 - \frac{5}{7} = \frac{\boxed{}}{7} - \frac{\boxed{}}{7}$$

$$= \frac{\boxed{} - \boxed{}}{7} = \frac{\boxed{}}{7}$$

 계산해 보세요.

(1) $\frac{2}{3} - \frac{1}{3}$ (2) $\frac{5}{8} - \frac{3}{8}$

(3) $\frac{7}{10} - \frac{5}{10}$ (4) $\frac{9}{11} - \frac{5}{11}$

(5) $1 - \frac{2}{4}$ (6) $1 - \frac{2}{5}$

(7) $1 - \frac{4}{7}$ (8) $1 - \frac{7}{12}$

③ 빈칸에 알맞은 분수를 써넣으세요.

(1)

$\frac{5}{6}$ $-\frac{4}{6}$

(2)

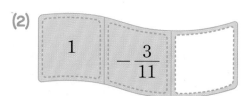

1 $-\frac{3}{11}$

4 계산 결과를 찾아 이어 보세요.

$$\frac{6}{9} - \frac{2}{9}$$

$$1 - \frac{4}{9}$$

$$\frac{8}{9} - \frac{5}{9}$$

•

•

•

•

•

•

$$\frac{3}{9}$$

$$\frac{4}{9}$$

$$\frac{5}{9}$$

5 ㉠과 ㉡의 차를 구해 보세요.

㉠ 1 ㉡ $\frac{1}{15}$이 8개인 수

(   )

6 계산 결과가 더 큰 식에 ○표 하세요.

$$\frac{10}{13} - \frac{4}{13}$$

$$1 - \frac{8}{13}$$

7 선우 어머니는 요리를 하는 데 간장 $\frac{9}{10}$ L 중에서 $\frac{3}{10}$ L를 사용했습니다. 선우 어머니가 사용하고 남은 간장은 몇 L인가요?

 식

 답   L

$2\frac{3}{4} - 1\frac{2}{4}$ 를 계산해 볼까요?

방법 1 자연수 부분끼리, 진분수 부분끼리 계산하기

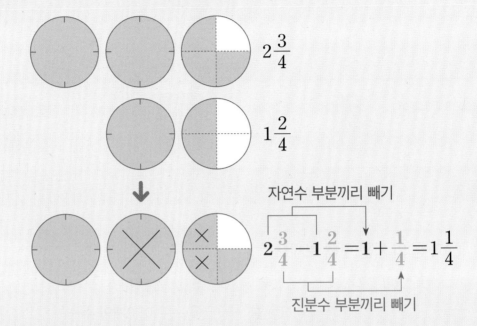

자연수 부분끼리 빼기

$$2\frac{3}{4} - 1\frac{2}{4} = 1 + \frac{1}{4} = 1\frac{1}{4}$$

진분수 부분끼리 빼기

개념 확인

1 ☐ 안에 알맞은 수를 써넣으세요.

(1) $2\frac{2}{5} - 1\frac{1}{5} = 1 + \dfrac{\boxed{}}{5} = \boxed{}\dfrac{\boxed{}}{5}$

(2) $3\frac{4}{6} - 2\frac{1}{6} = \boxed{} + \dfrac{\boxed{}}{6} = \boxed{}\dfrac{\boxed{}}{6}$

(3) $3\frac{7}{8} - 1\frac{3}{8} = \boxed{} + \dfrac{\boxed{}}{8} = \boxed{}\dfrac{\boxed{}}{8}$

(4) $4\frac{10}{12} - 2\frac{5}{12} = \boxed{} + \dfrac{\boxed{}}{\boxed{}} = \boxed{}\dfrac{\boxed{}}{\boxed{}}$

방법 ② 대분수를 가분수로 바꾸어 계산하기

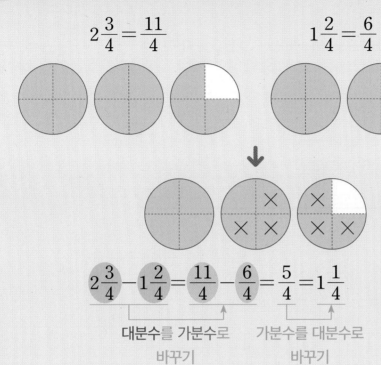

$$2\frac{3}{4} = \frac{11}{4} \qquad\qquad 1\frac{2}{4} = \frac{6}{4}$$

$$2\frac{3}{4} - 1\frac{2}{4} = \frac{11}{4} - \frac{6}{4} = \frac{5}{4} = 1\frac{1}{4}$$

대분수를 가분수로　　　　가분수를 대분수로
바꾸기　　　　　　　　　바꾸기

> 가분수의 뺄셈도 진분수의 뺄셈과 같이 분모는 그대로 두고 분자끼리 빼.

개념 확인

2 ☐ 안에 알맞은 수를 써넣으세요.

(1) $2\dfrac{2}{3} - 1\dfrac{1}{3} = \dfrac{8}{3} - \dfrac{\boxed{}}{3} = \dfrac{\boxed{}}{3} = \boxed{}\dfrac{\boxed{}}{3}$

(2) $3\dfrac{4}{5} - 2\dfrac{3}{5} = \dfrac{\boxed{}}{5} - \dfrac{\boxed{}}{5} = \dfrac{\boxed{}}{5} = \boxed{}\dfrac{\boxed{}}{5}$

(3) $4\dfrac{5}{6} - 2\dfrac{1}{6} = \dfrac{\boxed{}}{6} - \dfrac{\boxed{}}{6} = \dfrac{\boxed{}}{6} = \boxed{}\dfrac{\boxed{}}{6}$

(4) $5\dfrac{7}{10} - 2\dfrac{2}{10} = \dfrac{\boxed{}}{\boxed{}} - \dfrac{\boxed{}}{\boxed{}} = \dfrac{\boxed{}}{\boxed{}} = \boxed{}\dfrac{\boxed{}}{\boxed{}}$

1 ☐ 안에 알맞은 수를 써넣으세요.

(1)

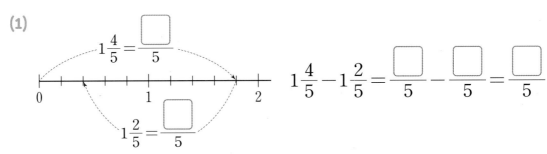

$1\dfrac{4}{5}-1\dfrac{2}{5}=\dfrac{\boxed{}}{5}-\dfrac{\boxed{}}{5}=\dfrac{\boxed{}}{5}$

(2)

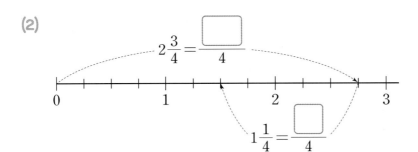

$2\dfrac{3}{4}-1\dfrac{1}{4}=\dfrac{\boxed{}}{4}-\dfrac{\boxed{}}{4}=\dfrac{\boxed{}}{4}=\boxed{}\dfrac{\boxed{}}{4}$

2 계산해 보세요.

(1) $2\dfrac{6}{7}-2\dfrac{4}{7}$

(2) $3\dfrac{3}{5}-1\dfrac{1}{5}$

(3) $4\dfrac{3}{8}-3\dfrac{2}{8}$

(4) $5\dfrac{7}{9}-2\dfrac{2}{9}$

(5) $6\dfrac{9}{11}-1\dfrac{3}{11}$

(6) $8\dfrac{13}{15}-4\dfrac{7}{15}$

3 잘못 계산한 식에 ✕표 하세요.

$2\dfrac{5}{6}-1\dfrac{2}{6}=1\dfrac{3}{6}$	$3\dfrac{7}{9}-3\dfrac{3}{9}=1\dfrac{4}{9}$

4 계산 결과가 $1\dfrac{3}{7}$인 뺄셈식을 찾아 색칠해 보세요.

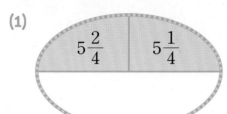

$$3\dfrac{4}{7} - 1\dfrac{1}{7}$$

$$4\dfrac{6}{7} - 3\dfrac{2}{7}$$

$$5\dfrac{5}{7} - 4\dfrac{2}{7}$$

5 빈칸에 두 분수의 차를 써넣으세요.

(1)

$$5\dfrac{2}{4} \qquad 5\dfrac{1}{4}$$

(2)

$$3\dfrac{5}{12} \qquad 7\dfrac{7}{12}$$

6 계산 결과를 비교하여 ◯ 안에 $>$, $=$, $<$를 알맞게 써넣으세요.

$$5\dfrac{17}{20} - 2\dfrac{9}{20} \bigcirc 7\dfrac{13}{20} - 4\dfrac{5}{20}$$

7 지혁이의 키는 $137\dfrac{1}{8}$ cm이고, 민하의 키는 $142\dfrac{5}{8}$ cm입니다. 민하는 지혁이보다 몇 cm 더 큰가요?

 식

답 _____ cm

(자연수)−(대분수)

$3-1\dfrac{1}{3}$ 을 계산해 볼까요?

방법 ① 자연수에서 1만큼을 가분수로 바꾸어 계산하기

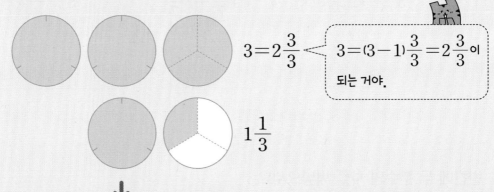

$3=2\dfrac{3}{3}$

$3=(3-1)\dfrac{3}{3}=2\dfrac{3}{3}$ 이 되는 거야.

$1\dfrac{1}{3}$

자연수 부분끼리 빼기

$3-1\dfrac{1}{3}=2\dfrac{3}{3}-1\dfrac{1}{3}=1+\dfrac{2}{3}=1\dfrac{2}{3}$

자연수에서 1만큼을 가분수로 바꾸기

분수 부분끼리 빼기

개념 확인

1 ☐ 안에 알맞은 수를 써넣으세요.

(1) $3-1\dfrac{3}{4}=2\dfrac{4}{4}-1\dfrac{3}{4}=1+\dfrac{\boxed{}}{4}=1\dfrac{\boxed{}}{4}$

(2) $4-1\dfrac{2}{5}=3\dfrac{\boxed{}}{5}-1\dfrac{2}{5}=2+\dfrac{\boxed{}}{5}=2\dfrac{\boxed{}}{5}$

(3) $5-3\dfrac{1}{7}=\boxed{}\dfrac{\boxed{}}{7}-3\dfrac{1}{7}=\boxed{}+\dfrac{\boxed{}}{7}=\boxed{}\dfrac{\boxed{}}{7}$

(4) $6-2\dfrac{2}{10}=\boxed{}\dfrac{\boxed{}}{\boxed{}}-\boxed{}\dfrac{\boxed{}}{\boxed{}}=\boxed{}+\dfrac{\boxed{}}{\boxed{}}=\boxed{}\dfrac{\boxed{}}{\boxed{}}$

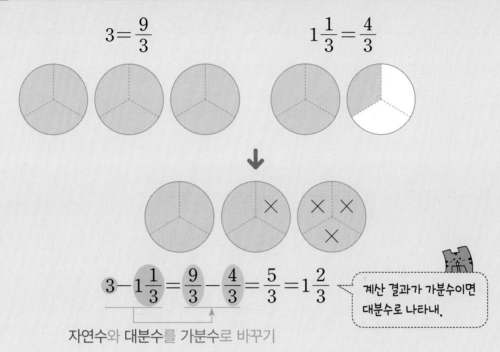

$$3 = \frac{9}{3} \qquad 1\frac{1}{3} = \frac{4}{3}$$

$$3 - 1\frac{1}{3} = \frac{9}{3} - \frac{4}{3} = \frac{5}{3} = 1\frac{2}{3}$$

자연수와 대분수를 가분수로 바꾸기

계산 결과가 가분수이면 대분수로 나타내.

개념 확인

2 ☐ 안에 알맞은 수를 써넣으세요.

(1) $2 - 1\frac{1}{2} = \dfrac{\boxed{}}{2} - \dfrac{3}{2} = \dfrac{\boxed{}}{2}$

(2) $4 - 2\frac{3}{4} = \dfrac{\boxed{}}{4} - \dfrac{\boxed{}}{4} = \dfrac{\boxed{}}{4} = \boxed{}\dfrac{\boxed{}}{4}$

(3) $3 - 1\frac{4}{6} = \dfrac{\boxed{}}{6} - \dfrac{\boxed{}}{6} = \dfrac{\boxed{}}{6} = \boxed{}\dfrac{\boxed{}}{6}$

(4) $5 - 2\frac{4}{9} = \dfrac{\boxed{}}{\boxed{}} - \dfrac{\boxed{}}{\boxed{}} = \dfrac{\boxed{}}{\boxed{}} = \boxed{}\dfrac{\boxed{}}{\boxed{}}$

 ☐ 안에 알맞은 수를 써넣으세요.

(1)

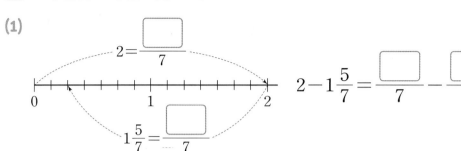

$2-1\dfrac{5}{7}=\dfrac{\boxed{}}{7}-\dfrac{\boxed{}}{7}=\dfrac{\boxed{}}{7}$

(2)

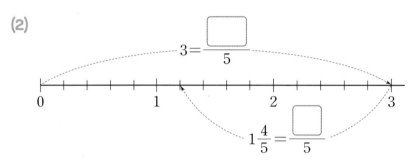

$3-1\dfrac{4}{5}=\dfrac{\boxed{}}{5}-\dfrac{\boxed{}}{5}=\dfrac{\boxed{}}{5}=\boxed{}\dfrac{\boxed{}}{5}$

2 계산해 보세요.

(1) $2-1\dfrac{1}{6}$

(2) $4-2\dfrac{2}{3}$

(3) $5-1\dfrac{5}{8}$

(4) $7-4\dfrac{2}{7}$

(5) $8-4\dfrac{3}{4}$

(6) $10-3\dfrac{7}{9}$

3 바르게 계산한 친구는 누구인가요?

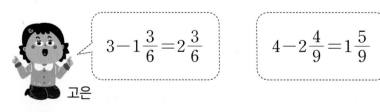

고은 $\qquad 3-1\dfrac{3}{6}=2\dfrac{3}{6}$ $\qquad 4-2\dfrac{4}{9}=1\dfrac{5}{9}$ 진호

( )

4 빈칸에 알맞은 분수를 써넣으세요.

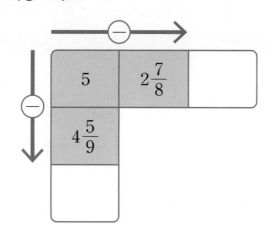

5 어림한 결과가 3보다 크고 4보다 작은 뺄셈식에 ◯표 하세요.

$$4-1\frac{3}{8}$$

$$8-4\frac{5}{6}$$

$$6-3\frac{2}{5}$$

(　　　　) 　(　　　　) 　(　　　　)

6 계산 결과가 큰 것부터 차례로 ◯ 안에 1, 2, 3을 써넣으세요.

$$6-2\frac{2}{5}$$

$$7-1\frac{4}{5}$$

$$9-3\frac{1}{5}$$

◯　　　　◯　　　　◯

7 주연이네 가족은 농장에서 딸기 12 kg을 땄고, 그중에서 $3\frac{4}{7}$ kg을 이웃에게 나누어 주었습니다. 남은 딸기는 몇 kg인가요?

식

답 _____ kg

23일차

하루한장 앱에서
학습 인증하고
하루템을 모으세요!

$2\dfrac{1}{4} - 1\dfrac{3}{4}$ 을 계산해 볼까요?

방법 ① 대분수의 자연수에서 1만큼을 가분수로 바꾸어 계산하기

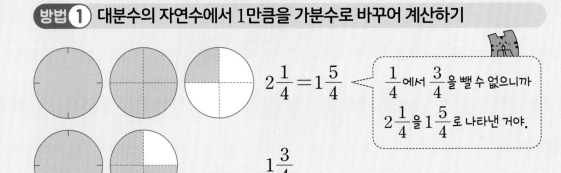

$2\dfrac{1}{4} = 1\dfrac{5}{4}$

$\dfrac{1}{4}$ 에서 $\dfrac{3}{4}$ 을 뺄 수 없으니까 $2\dfrac{1}{4}$ 을 $1\dfrac{5}{4}$ 로 나타낸 거야.

$1\dfrac{3}{4}$

자연수 부분끼리 빼기

$2\dfrac{1}{4} - 1\dfrac{3}{4} = 1\dfrac{5}{4} - 1\dfrac{3}{4} = 0 + \dfrac{2}{4} = \dfrac{2}{4}$

대분수에서 1만큼을 가분수로 바꾸기

분수 부분끼리 빼기

개념 확인

1 ☐ 안에 알맞은 수를 써넣으세요.

(1) $2\dfrac{1}{5} - 1\dfrac{3}{5} = 1\dfrac{6}{5} - 1\dfrac{3}{5} = \dfrac{\boxed{}}{5}$

(2) $3\dfrac{2}{6} - 1\dfrac{3}{6} = 2\dfrac{\boxed{}}{6} - 1\dfrac{3}{6} = \boxed{} + \dfrac{\boxed{}}{6} = \boxed{}\dfrac{\boxed{}}{6}$

(3) $4\dfrac{4}{7} - 2\dfrac{6}{7} = \boxed{}\dfrac{\boxed{}}{7} - 2\dfrac{6}{7} = \boxed{} + \dfrac{\boxed{}}{7} = \boxed{}\dfrac{\boxed{}}{7}$

(4) $6\dfrac{5}{12} - 3\dfrac{8}{12} = \boxed{}\dfrac{\boxed{}}{\boxed{}} - \boxed{}\dfrac{\boxed{}}{\boxed{}} = \boxed{} + \dfrac{\boxed{}}{\boxed{}} = \boxed{}\dfrac{\boxed{}}{\boxed{}}$

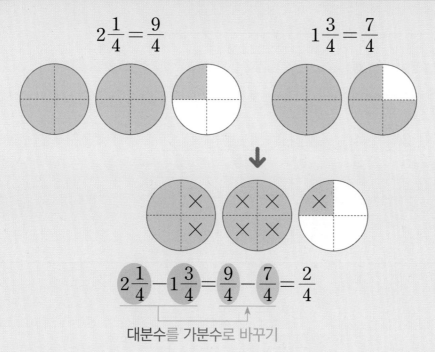

$$2\frac{1}{4} = \frac{9}{4} \qquad 1\frac{3}{4} = \frac{7}{4}$$

$$2\frac{1}{4} - 1\frac{3}{4} = \frac{9}{4} - \frac{7}{4} = \frac{2}{4}$$

대분수를 가분수로 바꾸기

개념 확인

2 ☐ 안에 알맞은 수를 써넣으세요.

(1) $2\dfrac{1}{3} - 1\dfrac{2}{3} = \dfrac{\boxed{}}{3} - \dfrac{5}{3} = \dfrac{\boxed{}}{3}$

(2) $3\dfrac{2}{5} - 1\dfrac{4}{5} = \dfrac{\boxed{}}{5} - \dfrac{\boxed{}}{5} = \dfrac{\boxed{}}{5} = \boxed{}\dfrac{\boxed{}}{5}$

(3) $4\dfrac{3}{8} - 2\dfrac{5}{8} = \dfrac{\boxed{}}{8} - \dfrac{\boxed{}}{8} = \dfrac{\boxed{}}{8} = \boxed{}\dfrac{\boxed{}}{8}$

(4) $5\dfrac{6}{10} - 2\dfrac{9}{10} = \dfrac{\boxed{}}{\boxed{}} - \dfrac{\boxed{}}{\boxed{}} = \dfrac{\boxed{}}{\boxed{}} = \boxed{}\dfrac{\boxed{}}{\boxed{}}$

1 ☐ 안에 알맞은 수를 써넣으세요.

(1)

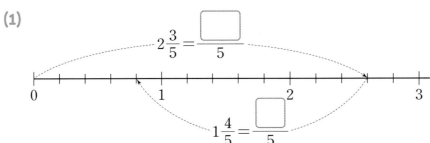

$$2\frac{3}{5} = \frac{\boxed{}}{5}$$

$$1\frac{4}{5} = \frac{\boxed{}}{5}$$

$$2\frac{3}{5} - 1\frac{4}{5} = \frac{\boxed{}}{5} - \frac{\boxed{}}{5} = \frac{\boxed{}}{5}$$

(2)

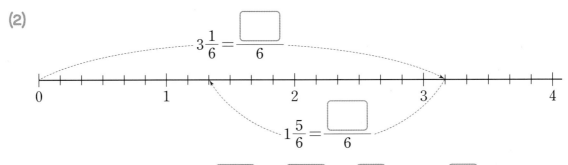

$$3\frac{1}{6} = \frac{\boxed{}}{6}$$

$$1\frac{5}{6} = \frac{\boxed{}}{6}$$

$$3\frac{1}{6} - 1\frac{5}{6} = \frac{\boxed{}}{6} - \frac{\boxed{}}{6} = \frac{\boxed{}}{6} = \boxed{}\frac{\boxed{}}{6}$$

2 계산해 보세요.

(1) $3\frac{1}{4} - 2\frac{3}{4}$

(2) $4\frac{1}{6} - 1\frac{5}{6}$

(3) $5\frac{5}{8} - 3\frac{7}{8}$

(4) $6\frac{7}{9} - 2\frac{8}{9}$

(5) $7\frac{3}{10} - 4\frac{8}{10}$

(6) $9\frac{4}{15} - 5\frac{8}{15}$

3 빈칸에 알맞은 분수를 써넣으세요.

(1)

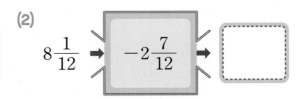

$$4\frac{2}{5} \rightarrow \boxed{-3\frac{3}{5}} \rightarrow \boxed{}$$

(2)

$$8\frac{1}{12} \rightarrow \boxed{-2\frac{7}{12}} \rightarrow \boxed{}$$

4 계산 결과를 찾아 이어 보세요.

$$4\frac{1}{7}-1\frac{5}{7}$$ •

• $$2\frac{4}{7}$$

$$8\frac{3}{7}-5\frac{6}{7}$$ •

• $$3\frac{3}{7}$$

$$7\frac{2}{7}-3\frac{6}{7}$$ •

• $$2\frac{3}{7}$$

5 두 분수의 차를 구해 보세요.

(1)
$$1\frac{7}{8} \qquad 2\frac{5}{8}$$

(　　　)

(2)
$$5\frac{2}{11} \qquad 2\frac{6}{11}$$

(　　　)

6 계산 결과가 2보다 큰 뺄셈식을 찾아 색칠해 보세요.

$$7\frac{1}{5}-5\frac{4}{5}$$

$$6\frac{3}{8}-3\frac{5}{8}$$

$$4\frac{4}{9}-2\frac{7}{9}$$

7 성민이네 강아지의 무게는 $6\frac{2}{9}$ kg이고, 윤하네 강아지의 무게는 $4\frac{5}{9}$ kg입니다.

성민이네 강아지는 윤하네 강아지보다 몇 kg 더 무거운가요?

 식

 답 _____ kg

25^{일차} 마무리 하기

1 $\dfrac{5}{7} - \dfrac{3}{7}$ 이 얼마인지 알아보려고 합니다. ☐ 안에 알맞은 수를 써넣으세요.

$\dfrac{5}{7}$ 는 $\dfrac{1}{7}$ 이 ☐ 개, $\dfrac{3}{7}$ 은 $\dfrac{1}{7}$ 이 ☐ 개이므로

$\dfrac{5}{7} - \dfrac{3}{7}$ 은 $\dfrac{1}{7}$ 이 ☐ 개입니다.

➔ $\dfrac{5}{7} - \dfrac{3}{7} = \dfrac{\boxed{} - \boxed{}}{7} = \dfrac{\boxed{}}{7}$

2 $4 - 1\dfrac{2}{3}$ 를 2가지 방법으로 계산해 보세요.

방법 ① 자연수에서 1만큼을 가분수로 바꾸어 계산하기

$4 - 1\dfrac{2}{3}$ _____

방법 ② 자연수와 대분수를 가분수로 바꾸어 계산하기

$4 - 1\dfrac{2}{3}$ _____

3 계산해 보세요.

(1) $\dfrac{5}{9} - \dfrac{2}{9}$

(2) $6\dfrac{4}{5} - 3\dfrac{2}{5}$

(3) $7 - 2\dfrac{3}{8}$

(4) $3\dfrac{5}{10} - 1\dfrac{7}{10}$

4 빈칸에 알맞은 분수를 써넣으세요.

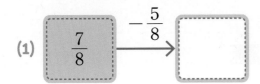

(1) $\dfrac{7}{8}$ $-\dfrac{5}{8}$ →

(2) 1 $-\dfrac{3}{9}$ →

5 다음이 나타내는 수를 구해 보세요.

$$5\dfrac{9}{11} \text{보다 } 2\dfrac{4}{11} \text{ 더 작은 수}$$

(   )

6 그림을 보고 ☐ 안에 알맞은 분수를 써넣으세요.

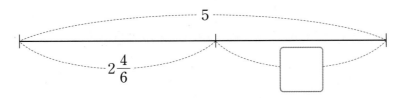

5

$2\dfrac{4}{6}$

7 계산 결과가 2보다 작은 뺄셈식을 모두 찾아 색칠해 보세요.

$4\dfrac{2}{9} - 3\dfrac{8}{9}$

$8\dfrac{4}{6} - 6\dfrac{5}{6}$

$7\dfrac{7}{8} - 4\dfrac{2}{8}$

8 파란색 리본은 빨간색 리본보다 몇 m 더 긴가요?

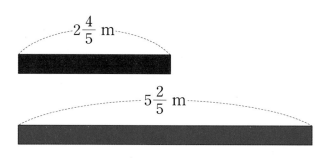

$$2\frac{4}{5} \text{ m}$$

$$5\frac{2}{5} \text{ m}$$

(   ) m

9 가장 큰 분수와 가장 작은 분수의 차를 구해 보세요.

$$2\frac{5}{9}$$ $$7\frac{8}{9}$$ $$3\frac{4}{9}$$ $$2\frac{6}{9}$$

(   )

10 잘못 계산한 곳을 모두 찾아 ○표 하고, 바르게 계산해 보세요.

$$6\frac{1}{7} - 2\frac{3}{7} = 5\frac{7}{7} - 2\frac{3}{7} = 3 + \frac{4}{7} = 3\frac{4}{7}$$

11 친구들이 설명하는 두 분수를 구해 보세요.

두 분수는 분모가 8인 진분수야.

윤석

두 분수를 더하면 $\frac{5}{8}$야.

세정

두 분수 중 큰 분수에서 작은 분수를 빼면 $\frac{1}{8}$이 돼.

지훈

( )

12 민아와 동생은 할아버지네 과수원에서 사과 $9\ \text{kg}$을 땄습니다. 그중에서 잼을 만드는 데 $3\frac{1}{4}\ \text{kg}$을 사용했고, 주스를 만드는 데 $4\frac{2}{4}\ \text{kg}$을 사용했습니다. 남은 사과는 몇 kg인가요?

( ) kg

빠른 개념 찾기

틀린 문제는 개념을 다시 확인해 보세요.

25일차 정답 확인

개념		문제 번호
21일차	분모가 같은 (진분수)−(진분수), 1−(진분수)	1, 3(1), 4, 11
22일차	분모가 같은 (대분수)−(대분수)(1) _받아내림이 없는 계산	3(2), 5, 9
23일차	(자연수)−(대분수)	2, 3(3), 6, 12
24일차	분모가 같은 (대분수)−(대분수)(2) _받아내림이 있는 계산	3(4), 7, 8, 10

문장제 해결력 강화

문제해결의 길잡이

미래엔 초등 도서 목록

초등 교과서 발행사 미래엔의 교재로 초등 시기에 길러야 하는 공부력을 강화해 주세요.

초등 공부의 핵심[CORE]를 탄탄하게 해 주는 슬림 & 심플한 교과 필수 학습서
[8책] 국어 3~6학년 학기별, [12책] 수학 1~6학년 학기별
[8책] 사회 3~6학년 학기별, [8책] 과학 3~6학년 학기별

문제 해결의 길잡이

원리 8가지 문제 해결 전략으로 문장제와 서술형 문제 정복
[12책] 1~6학년 학기별

심화 문장제 유형 정복으로 초등 수학 최고 수준에 도전
[6책] 1~6학년 학년별

초등 필수 어휘를 퍼즐로 재미있게 키우는 학습서
[3책] 사자성어, 속담, 맞춤법

하루한장 예비 초등

한글완성
초등학교 입학 전 한글 읽기·쓰기 동시에 끝내기
[3책] 1. 기본 자모음, 2. 받침, 3. 복잡한 자모음

예비초등
기본 학습 능력을 향상하며 초등학교 입학을 준비하기
[4책] 국어, 수학, 통합교과, 학교생활

하루한장 독해

독해 시작편
초등학교 입학 전 기본 문해력 익히기 30일 완성
[2책] 문장으로 시작하기, 짧은 글 독해하기

어휘
문해력의 기초를 다지는 초등 필수 어휘 학습서
[6책] 1~6단계

독해
국어 교과서와 연계하여 문해력의 기초를 다지는 독해 기본서
[6책] 1~6단계

독해➕플러스
본격적인 독해 훈련으로 문해력을 향상시키는 독해 실전서
[6책] 1~6단계

비문학 독해 (사회편·과학편)
비문학 독해로 배경지식을 확장하고 문해력을 완성시키는 독해 심화서
[사회편 6책, 과학편 6책] 1~6단계

하루 한장 쏙셈 분수

하루 한장 쏙셈 분수

1권

바른답·알찬풀이

Mirae N 에듀

분수 1권, 2권　소수 1권, 2권

하루 한장 쏙셈

분수 1권, 2권　소수 1권, 2권

• 초등 3~6학년 분수·소수의 개념과 연산 원리를 집중 훈련
• 스마트 학습으로 직접 조작하며 원리를 쉽게 이해하고 활용

하루한장 쏙셈분수

1권

바른답 · 알찬풀이

1장
분수 알아보기

개념 확인
8쪽

1 (1) (   ) (○) (   )
  (2) (   ) (   ) (○)

1 (1) 나누어진 두 조각의 모양과 크기가 같은 것을 찾습니다.
  (2) 나누어진 네 조각의 모양과 크기가 같은 것을 찾습니다.

참고 전체를 똑같이 나누면 나누어진 조각의 모양과 크기가 모두 같고, 서로 겹쳤을 때 완전히 겹쳐집니다.

기본 다지기
9~11쪽

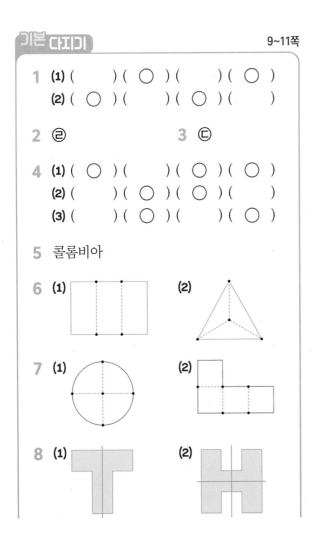

1 (1) (   ) (○) (   ) (○)
  (2) (○) (   ) (○) (   )

2 ②   3 ©

4 (1) (○) (   ) (○) (○)
  (2) (   ) (○) (○) (   )
  (3) (   ) (○) (   ) (○)

5 콜롬비아

6 (1)   (2)

7 (1)   (2)

8 (1)   (2)

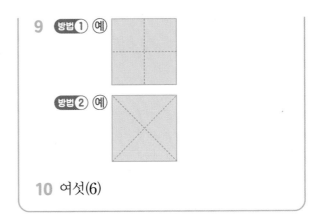

9 방법① 예

  방법② 예

10 여섯(6)

1 나누어진 조각의 모양과 크기가 같은 떡을 찾습니다.

2 나누어진 세 조각의 모양과 크기가 같은 도형을 찾으면 ②입니다.

3 나누어진 네 조각의 모양과 크기가 같은 도형을 찾으면 ©입니다.

4 나누어진 조각의 모양과 크기가 같은 도형을 찾습니다.

참고 점선을 따라 잘라서 겹쳐 보았을 때 완전히 겹쳐지는 도형을 찾습니다.

5 나누어진 세 조각의 모양과 크기가 같지 않은 것은 콜롬비아 국기입니다.

6 나누어진 세 조각의 모양과 크기가 같도록 점과 점을 이어 도형을 똑같이 셋으로 나눕니다.

7 나누어진 네 조각의 모양과 크기가 같도록 점과 점을 이어 도형을 똑같이 넷으로 나눕니다.

8 나누어진 조각의 모양과 크기가 같도록 선을 그어 도형을 똑같이 나눕니다.

9 나누어진 네 조각의 모양과 크기가 같도록 도형을 똑같이 넷으로 나눕니다.

참고 정사각형을 여러 가지 방법으로 똑같이 넷으로 나눌 수 있습니다.

등 여러 가지 방법이 있습니다.

10 나누어진 여섯 조각의 모양과 크기가 같으므로 호두 파이를 똑같이 여섯(6)으로 나누었습니다.

개념 확인 12~13쪽

1 (1) 1　　　　　　　(2) 4 / 3
　　(3) 6 / 4

2 (1) 1 / 1, 3, 3, 1
　　(2) 4, 3 / 3, 4, 4, 3
　　(3) 5, 4 / 4, 5, 5, 4

기본 다지기 14~15쪽

1 (　　)(○)(　　)

2 (　　)(○)(○)

3 (1) 4, 2 / 2, 4　　(2) 6, 5 / 5, 6

4 (1) $\dfrac{5}{8}$ 에 ○표　　(2) $\dfrac{3}{9}$ 에 ○표

5　　　　　　　　**6** ㉢

7 $\dfrac{3}{6}$

1 전체를 똑같이 5로 나눈 것 중의 2입니다.

 전체를 똑같이 5로 나눈 것이 아닙니다.

2 전체를 똑같이 8로 나눈 것 중의 3입니다.

3 전체를 똑같이 ■로 나눈 것 중의 ▲는 $\dfrac{▲}{■}$ 입니다.

4 (1) 색칠한 부분은 전체를 똑같이 8로 나눈 것 중의 5이므로 $\dfrac{5}{8}$ 입니다.

(2) 색칠한 부분은 전체를 똑같이 9로 나눈 것 중의 3이므로 $\dfrac{3}{9}$ 입니다.

5 • 전체를 똑같이 3으로 나눈 것 중의 2를 $\dfrac{2}{3}$ 라 쓰고 3분의 2라고 읽습니다.

• 전체를 똑같이 7로 나눈 것 중의 4를 $\dfrac{4}{7}$ 라 쓰고 7분의 4라고 읽습니다.

• 전체를 똑같이 10으로 나눈 것 중의 8을 $\dfrac{8}{10}$ 이라고 씁니다.

6 ㉠, ㉡ 전체를 똑같이 9로 나눈 것 중의 5이므로 $\dfrac{5}{9}$ 입니다.

㉢ 전체를 똑같이 8로 나눈 것 중의 5이므로 $\dfrac{5}{8}$ 입니다.

따라서 나타내는 분수가 다른 하나는 ㉢입니다.

7 정우가 먹은 피자는 전체를 똑같이 6으로 나눈 것 중의 3이므로 분수로 나타내면 $\dfrac{3}{6}$ 입니다.

03 일차

개념 확인 16~17쪽

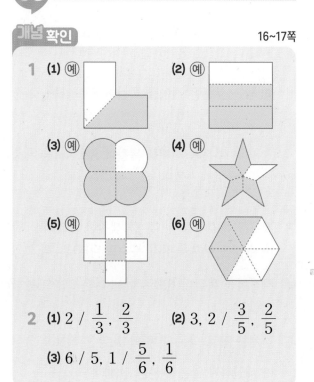

1 (1) 예　(2) 예　(3) 예　(4) 예　(5) 예　(6) 예

2 (1) 2 / $\dfrac{1}{3}$, $\dfrac{2}{3}$　　(2) 3, 2 / $\dfrac{3}{5}$, $\dfrac{2}{5}$

(3) 6 / 5, 1 / $\dfrac{5}{6}$, $\dfrac{1}{6}$

1 2

2 (1) $\dfrac{4}{5}$ / $\dfrac{1}{5}$　　(2) $\dfrac{6}{8}$ / $\dfrac{2}{8}$

3 (1) $\dfrac{1}{4}$　　(2) $\dfrac{3}{6}$, $\dfrac{3}{6}$

　　(3) $\dfrac{4}{6}$, $\dfrac{2}{6}$　　(4) $\dfrac{3}{7}$, $\dfrac{4}{7}$

4 (예)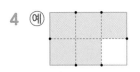

5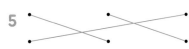

6 (예)

7 5

1 전체 7칸 중에서 5칸을 색칠해야 하는데 3칸이 색칠되어 있으므로 5-3=2(칸)에 더 색칠해야 합니다.

2 (1) 남은 부분은 전체를 똑같이 5로 나눈 것 중의 4이므로 $\dfrac{4}{5}$입니다.
　　먹은 부분은 전체를 똑같이 5로 나눈 것 중의 1이므로 $\dfrac{1}{5}$입니다.

　　(2) 남은 부분은 전체를 똑같이 8로 나눈 것 중의 6이므로 $\dfrac{6}{8}$입니다.
　　먹은 부분은 전체를 똑같이 8로 나눈 것 중의 2이므로 $\dfrac{2}{8}$입니다.

3 전체를 똑같이 나눈 것 중 색칠한 부분과 색칠하지 않은 부분을 각각 분수로 나타냅니다.

4 사각형을 똑같이 6으로 나눈 다음 그중 5만큼 색칠합니다.

5 전체를 ■로 나눈 것 중의 ▲만큼 색칠
　　→ 색칠하지 않은 부분은 전체의 $\dfrac{■-▲}{■}$

6 전체를 똑같이 8칸으로 나눈 것 중에서 3칸만큼 빨간색을, 5칸만큼 파란색을 색칠합니다.

7 전체의 $\dfrac{1}{2}$만큼인 5조각을 먹었으므로 $\dfrac{1}{2}$만큼인 5조각이 남았습니다.

04 일차

1 (1) (예)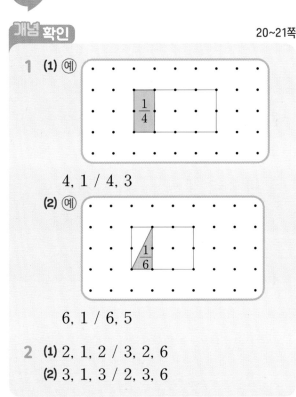

　　4, 1 / 4, 3

　　(2) (예)

　　6, 1 / 6, 5

2 (1) 2, 1, 2 / 3, 2, 6
　　(2) 3, 1, 3 / 2, 3, 6

1 (　　) (　　) (○) (　　)

2 (1) 가　　(2) 다

3 (1) 20　　(2) 21

4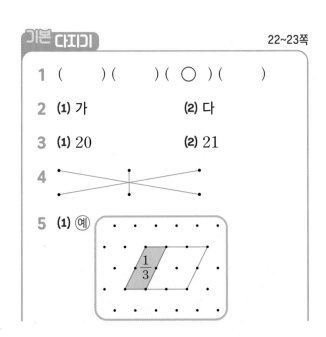

5 (1) (예)

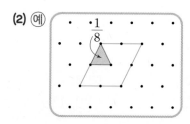

6 24

1 $\frac{1}{5}$을 나타낸 부분이 1칸이므로 전체를 나타낸 도형은 5칸입니다.

전체가 5칸인 도형을 찾습니다.

2 **(1)** 사각형 4개가 전체를 똑같이 7로 나눈 것 중의 4이므로 사각형 1개는 전체를 똑같이 7로 나눈 것 중의 1입니다.

따라서 전체에 알맞은 도형은 사각형 7개로 이루어진 **가**입니다.

(2) 삼각형 2개가 전체를 똑같이 5로 나눈 것 중의 2이므로 삼각형 1개는 전체를 똑같이 5로 나눈 것 중의 1입니다.

따라서 전체에 알맞은 도형은 삼각형 5개로 이루어진 **다**입니다.

3 **(1)** $\frac{1}{4}$은 전체를 똑같이 4로 나눈 것 중의 1이므로 전체는 $\frac{1}{4}$이 4개만큼입니다.

➡ (색 테이프의 전체 길이)
  $=5 \times 4 = 20$ (cm)

(2) $\frac{1}{7}$은 전체를 똑같이 7로 나눈 것 중의 1이므로 전체는 $\frac{1}{7}$이 7개만큼입니다.

➡ (색 테이프의 전체 길이)
  $=3 \times 7 = 21$ (cm)

4

5 **(1)** 색칠한 부분은 전체를 똑같이 3으로 나눈 것 중의 1이므로 전체는 $\frac{1}{3}$이 3개만큼입니다.

(2) 색칠한 부분은 전체를 똑같이 8로 나눈 것 중의 1이므로 전체는 $\frac{1}{8}$이 8개만큼입니다.

6

$\frac{1}{3}$은 전체를 똑같이 3으로 나눈 것 중의 1이

므로 전체는 $\frac{1}{3}$이 3개만큼입니다.

➡ (나무 막대의 전체 길이)$=8 \times 3 = 24$ (cm)

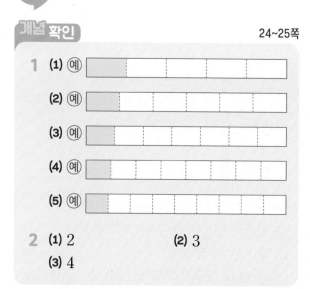

05 일차

개념 확인 24~25쪽

2 **(1)** 2 **(2)** 3
(3) 4

기본 다지기 26~27쪽

1 **(1)** $\frac{1}{5}$, $\frac{1}{3}$, $\frac{1}{9}$에 ◯표

(2) $\frac{1}{6}$, $\frac{1}{4}$에 ◯표

2 예 $\boxed{\frac{1}{7} \;\; \frac{1}{7} \;\; \frac{1}{7} \;\; \frac{1}{7} \;\; \frac{1}{7} \;\; \frac{1}{7} \;\; \frac{1}{7}}$ / 3

3 1

4 **(1)** 3 **(2)** 5
(3) 4 **(4)** 6

5 **(1)** $\frac{3}{4}$ **(2)** $\frac{2}{7}$
(3) $\frac{1}{8}$ **(4)** $\frac{1}{10}$

6 $\frac{1}{8}$ **7** 9

8 7

1 분자가 1인 분수를 모두 찾습니다.

참고 단위분수는 몇 부분으로 나누든 전체를 똑같이 나눈 것 중의 1입니다.

2 $\dfrac{3}{7}$은 전체를 똑같이 7로 나눈 것 중의 3이므로 3칸만큼 색칠합니다.

→ $\dfrac{3}{7}$은 $\dfrac{1}{7}$이 3개입니다.

3 $\dfrac{1}{■}$은 전체를 똑같이 ■로 나눈 것 중의 1입니다.

4 $\dfrac{▲}{■}$는 $\dfrac{1}{■}$이 ▲개입니다.

5 (1), (2) $\dfrac{1}{■}$이 ▲개이면 $\dfrac{▲}{■}$입니다.

(3), (4) $\dfrac{▲}{■}$는 $\dfrac{1}{■}$이 ▲개입니다.

6 • 단위분수이므로 분자는 1입니다.
• 분자와 분모의 합이 9이므로 분모는
  $9-1=8$입니다.
따라서 두 친구가 설명하는 분수는 $\dfrac{1}{8}$입니다.

7 • $\dfrac{2}{9}$는 $\dfrac{1}{9}$이 2개이므로 ㉠에 알맞은 수는 2입니다.
• $\dfrac{7}{9}$은 $\dfrac{1}{9}$이 7개이므로 ㉡에 알맞은 수는 7입니다.
따라서 ㉠과 ㉡에 알맞은 수의 합은
$2+7=9$입니다.

8 남은 핫케이크는 똑같이 8로 나눈 것 중의 7이므로 $\dfrac{7}{8}$입니다.

$\dfrac{7}{8}$은 $\dfrac{1}{8}$이 7개입니다.

06 일차

개념 확인 28~29쪽

1 (1) 큽니다에 ◯표 / >
(2) 작습니다에 ◯표 / <

(3) 큽니다에 ◯표 / >
(4) 작습니다에 ◯표 / <

2 (1) 2, 4 / <, <　　(2) 3, 6 / <, <
(3) 7, 5 / >, >　　(4) 9, 11 / <, <

기본 다지기 30~31쪽

1 (1) (예) 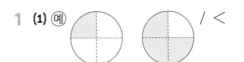 / <

(2) (예) 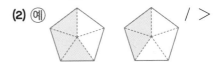 / >

(3) (예) / <

(4) (예) 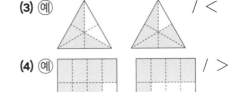 / >

2 (1) >　　　　(2) <
(3) <　　　　(4) <
(5) <　　　　(6) >

3 수현

4 (1) $\dfrac{7}{8}$에 ◯표, $\dfrac{2}{8}$에 △표
(2) $\dfrac{10}{12}$에 ◯표, $\dfrac{3}{12}$에 △표

5 $\dfrac{3}{9}$, <, $\dfrac{7}{9}$

6 $\dfrac{6}{7}$, $\dfrac{4}{7}$, $\dfrac{5}{7}$에 색칠

7 윤하

1 색칠한 부분이 넓을수록 더 큰 분수입니다.

2 (1) $4>1$이므로 $\dfrac{4}{5}>\dfrac{1}{5}$입니다.
(2) $2<5$이므로 $\dfrac{2}{7}<\dfrac{5}{7}$입니다.
(3) $3<4$이므로 $\dfrac{3}{8}<\dfrac{4}{8}$입니다.
(4) $4<6$이므로 $\dfrac{4}{9}<\dfrac{6}{9}$입니다.

(5) $7<9$이므로 $\dfrac{7}{10}<\dfrac{9}{10}$입니다.

(6) $11>4$이므로 $\dfrac{11}{15}>\dfrac{4}{15}$입니다.

3 상우: $4<6$이므로 $\dfrac{4}{7}<\dfrac{6}{7}$입니다.

따라서 두 분수의 크기를 바르게 비교한 친구는 수현이입니다.

4 **(1)** $2<4<7$이므로 $\dfrac{2}{8}<\dfrac{4}{8}<\dfrac{7}{8}$입니다.

(2) $3<5<10$이므로 $\dfrac{3}{12}<\dfrac{5}{12}<\dfrac{10}{12}$입니다.

5 0과 1 사이를 똑같이 9로 나눈 것 중의 3과 7이므로 분수로 나타내면 각각 $\dfrac{3}{9}$과 $\dfrac{7}{9}$입니다.

6 분모가 모두 7인 분수이므로 $\dfrac{3}{7}$보다 큰 분수는 분자가 3보다 큽니다.

따라서 $\dfrac{3}{7}$보다 큰 분수는 $\dfrac{6}{7}$, $\dfrac{4}{7}$, $\dfrac{5}{7}$입니다.

7 $\dfrac{4}{10}<\dfrac{6}{10}$이므로 우유를 더 많이 마신 친구는 윤하입니다.

07 일차

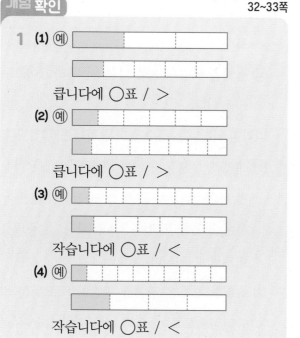

1 (1) 예
큽니다에 ○표 / >
(2) 예
큽니다에 ○표 / >
(3) 예
작습니다에 ○표 / <
(4) 예
작습니다에 ○표 / <

---

2 (1) >   **(2)** <
  (3) <   **(4)** >
  (5) >, <   **(6)** >, <
  (7) <, >   **(8)** >, <
  (9) >, <   **(10)** <, >

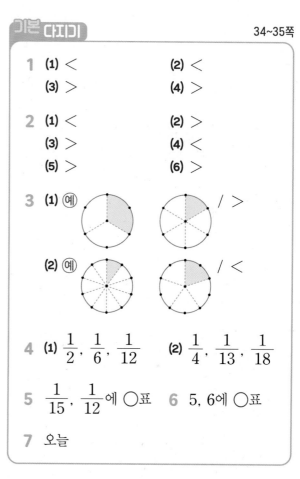

1 (1) <   **(2)** <
  (3) >   **(4)** >

2 (1) <   **(2)** >
  (3) >   **(4)** <
  (5) >   **(6)** >

3 (1) 예   / >

  (2) 예   / <

4 (1) $\dfrac{1}{2}$, $\dfrac{1}{6}$, $\dfrac{1}{12}$ **(2)** $\dfrac{1}{4}$, $\dfrac{1}{13}$, $\dfrac{1}{18}$

5 $\dfrac{1}{15}$, $\dfrac{1}{12}$에 ○표   **6** 5, 6에 ○표

7 오늘

---

1 색칠한 부분이 넓을수록 더 큰 분수입니다.

2 (1) $8>2$이므로 $\dfrac{1}{8}<\dfrac{1}{2}$입니다.

  (2) $4<7$이므로 $\dfrac{1}{4}>\dfrac{1}{7}$입니다.

  (3) $5<6$이므로 $\dfrac{1}{5}>\dfrac{1}{6}$입니다.

  (4) $9>4$이므로 $\dfrac{1}{9}<\dfrac{1}{4}$입니다.

  (5) $3<10$이므로 $\dfrac{1}{3}>\dfrac{1}{10}$입니다.

  (6) $7<11$이므로 $\dfrac{1}{7}>\dfrac{1}{11}$입니다.

3 주어진 분수만큼 색칠한 다음 색칠한 부분의 넓이를 비교합니다.

4 **(1)** $2<6<12$이므로 $\dfrac{1}{2}>\dfrac{1}{6}>\dfrac{1}{12}$입니다.

(2) $4<13<18$이므로 $\dfrac{1}{4}>\dfrac{1}{13}>\dfrac{1}{18}$입니다.

5 단위분수는 분모가 클수록 더 작으므로 $\dfrac{1}{10}$보다 작으려면 분모가 10보다 커야 합니다.

따라서 $\dfrac{1}{10}$보다 작은 분수는 $\dfrac{1}{15}$, $\dfrac{1}{12}$입니다.

6 단위분수는 분모가 작을수록 더 크므로 $\square<7$입니다.

따라서 $\square$ 안에 들어갈 수 있는 수는 5, 6입니다.

7 $\dfrac{1}{9}<\dfrac{1}{8}$이므로 민우가 오늘 동화책을 더 많이 읽었습니다.

08 일차

마무리 **하기**

36~39쪽

1 (   ) (◯) (   ) (◯)

2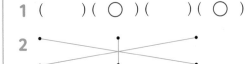

3 **(1)**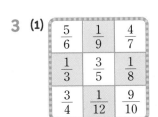

(2)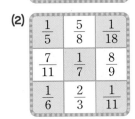

4 ㉡

5 **(1)** $\dfrac{2}{3}$, $\dfrac{1}{3}$ **(2)** $\dfrac{4}{8}$, $\dfrac{4}{8}$

6 **(1)** >   **(2)** <
   (3) <   **(4)** >

7 예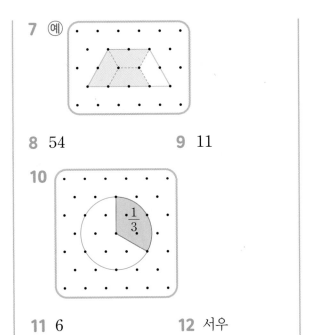

8 54   **9** 11

10

11 6   **12** 서우

1 나누어진 세 조각의 모양과 크기가 같은 도형을 찾습니다.

2 • 전체를 똑같이 6으로 나눈 것 중의 4를 $\dfrac{4}{6}$라 쓰고 6분의 4라고 읽습니다.

• 전체를 똑같이 7로 나눈 것 중의 5를 $\dfrac{5}{7}$라고 씁니다.

• 전체를 똑같이 5로 나눈 것 중의 3을 $\dfrac{3}{5}$이라 쓰고 5분의 3이라고 읽습니다.

3 분자가 1인 분수를 모두 찾아 색칠합니다.

4 ㉠, ㉢ 전체를 똑같이 7로 나눈 것 중의 3이므로 $\dfrac{3}{7}$입니다.

㉡ 전체를 똑같이 8로 나눈 것 중의 2이므로 $\dfrac{2}{8}$입니다.

따라서 나타내는 분수가 다른 하나는 ㉡입니다.

5 **(1)** 색칠한 부분은 전체를 똑같이 3으로 나눈 것 중의 2이므로 $\dfrac{2}{3}$이고, 색칠하지 않은 부분은 전체를 똑같이 3으로 나눈 것 중의 1이므로 $\dfrac{1}{3}$입니다.

(2) 색칠한 부분은 전체를 똑같이 8로 나눈 것 중의 4이므로 $\dfrac{4}{8}$이고, 색칠하지 않은 부분

은 전체를 똑같이 8로 나눈 것 중의 4이므로 $\frac{4}{8}$ 입니다.

6 (1) $7 > 2$이므로 $\frac{7}{8} > \frac{2}{8}$ 입니다.

(2) $9 < 13$이므로 $\frac{9}{15} < \frac{13}{15}$ 입니다.

(3) $9 > 6$이므로 $\frac{1}{9} < \frac{1}{6}$ 입니다.

(4) $12 < 18$이므로 $\frac{1}{12} > \frac{1}{18}$ 입니다.

7 사각형을 똑같이 4로 나눈 다음 그중 3만큼 색칠합니다.

8 $\frac{1}{6}$ 은 전체를 똑같이 6으로 나눈 것 중의 1이므로 전체는 $\frac{1}{6}$ 이 6개만큼입니다.

→ (전체 색 테이프의 길이)
$= 9 \times 6 = 54 \, (\text{cm})$

9 • $\frac{3}{10}$ 은 $\frac{1}{10}$ 이 3개이므로 ㉠에 알맞은 수는 3입니다.

• $\frac{7}{8}$ 은 $\frac{1}{8}$ 이 7개이므로 ㉡에 알맞은 수는 8입니다.

따라서 ㉠과 ㉡에 알맞은 수의 합은 $3 + 8 = 11$입니다.

10 색칠한 부분은 전체를 똑같이 3으로 나눈 것 중의 1이므로 전체는 $\frac{1}{3}$ 이 3개만큼입니다.

11 • 분자가 1인 분수이므로 단위분수입니다.

• 분모가 5보다 크고 12보다 작아야 하므로 분모가 될 수 있는 수는 6, 7, 8, 9, 10, 11입니다.

따라서 조건에 맞는 분수는
$\frac{1}{6}$, $\frac{1}{7}$, $\frac{1}{8}$, $\frac{1}{9}$, $\frac{1}{10}$, $\frac{1}{11}$ 로 모두 6개입니다.

12 분자의 크기를 비교하면 $4 < 6 < 7$이므로 $\frac{4}{9} < \frac{6}{9} < \frac{7}{9}$ 입니다.

따라서 찰흙을 가장 많이 사용한 친구는 서우입니다.

개념 확인

40~41쪽

1 (1) 3 / 2   (2) 6 / 4

2 (1) 2, 5   (2) 3, 3, 4

(3) 3 / 1, 1, 3

기본 다지기

42~43쪽

1 3

2 (1) 예

(2) 예

3 (1) 2, 4   (2) 4, 5
(3) 2, 3   (4) 1, 4

4 예
3, 3, 5

5 예
4, 4, 7

6 3   **7** $\frac{5}{8}$

1 전체 쿠키가 12개이므로 쿠키 4개는 전체를 똑같이 3묶음으로 나눈 것 중의 1묶음입니다.

2 귤이 1묶음에 같은 개수씩 포함되도록 나누어 봅니다.

3 (1) 색칠한 부분은 전체를 똑같이 4묶음으로 나눈 것 중의 2묶음입니다.
(2) 색칠한 부분은 전체를 똑같이 5묶음으로 나눈 것 중의 4묶음입니다.
(3) 색칠한 부분은 전체를 똑같이 3묶음으로 나눈 것 중의 2묶음입니다.

(4) 색칠한 부분은 전체를 똑같이 4묶음으로 나눈 것 중의 1묶음입니다.

6

땅콩 18개를 똑같이 6묶음으로 나누면 한 묶음은 3개입니다.

7 남은 사탕은 사탕 24개를 똑같이 8묶음으로 나눈 것 중의 8−3＝5(묶음)이므로 전체 사탕의 $\frac{5}{8}$ 입니다.

개념 확인 44~45쪽

1 **(1)** 2 / 1, 2   **(2)** 5 / 1, 5
     (3) 3 / 1, 3

2 **(1)** 3 / 2, 2, 3   **(2)** 3 / 2 / 2, 3
     (3) 7 / 5 / 5, 7

기본 다지기 46~47쪽

1 예

(1) 1, 3   **(2)** 2, 3

2 예

(1) 1, 8   **(2)** 5, 8

3 ㉠ 4, ㉡ 1   **4** ㉠ 3, ㉡ 2

5 $\frac{1}{3}$ **6** $\frac{5}{6}$

7   **8** $\frac{3}{7}$

1 가위 9개를 3개씩 묶으면 3묶음입니다.

(1) 3은 9를 똑같이 3묶음으로 나눈 것 중의 1묶음이므로 3은 9의 $\frac{1}{3}$ 입니다.

(2) 6은 9를 똑같이 3묶음으로 나눈 것 중의 2묶음이므로 6은 9의 $\frac{2}{3}$ 입니다.

2 풀 16개를 2개씩 묶으면 8묶음입니다.

(1) 2는 16을 똑같이 8묶음으로 나눈 것 중의 1묶음이므로 2는 16의 $\frac{1}{8}$ 입니다.

(2) 10은 16을 똑같이 8묶음으로 나눈 것 중의 5묶음이므로 10은 16의 $\frac{5}{8}$ 입니다.

3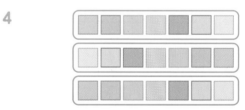

• 종이학 20마리를 5마리씩 묶으면 4묶음입니다.
  → ㉠＝4
• 5는 20을 똑같이 4묶음으로 나눈 것 중의 1묶음이므로 5는 20의 $\frac{1}{4}$ 입니다.
  → ㉡＝1

4

• 색종이 21장을 7장씩 묶으면 3묶음입니다.
  → ㉠＝3
• 14는 21을 똑같이 3묶음으로 나눈 것 중의 2묶음이므로 14는 21의 $\frac{2}{3}$ 입니다.
  → ㉡＝2

5

연필 18자루를 6자루씩 묶으면 3묶음입니다.
6은 18을 똑같이 3묶음으로 나눈 것 중의 1묶음이므로 6은 18의 $\frac{1}{3}$ 입니다.

6

지우개 24개를 4개씩 묶으면 6묶음입니다.
20은 24를 똑같이 6묶음으로 나눈 것 중의 5
묶음이므로 20은 24의 $\frac{5}{6}$입니다.

7 ・27을 3씩 묶으면 9묶음입니다.
18은 27을 똑같이 9묶음으로 나눈 것 중의
6묶음이므로 18은 27의 $\frac{6}{9}$입니다.

・25를 5씩 묶으면 5묶음입니다.
15는 25를 똑같이 5묶음으로 나눈 것 중의
3묶음이므로 15는 25의 $\frac{3}{5}$입니다.

8 애호박 42개를 6개씩 묶으면 7묶음입니다.
18은 42를 똑같이 7묶음으로 나눈 것 중의 3
묶음이므로 판 애호박은 전체의 $\frac{3}{7}$입니다.

11 일차

개념 확인　　　　　　　　　　48~49쪽

1 **(1)** 1, 5, 2 / 2　　　**(2)** 1, 3, 4 / 4

2 **(1)** 2, 3, 6 / 6　　　**(2)** 4, 7, 8 / 8

기본 다지기　　　　　　　　　50~51쪽

1 예

　(1) 3　　　　　　**(2)** 6

2 예

　(1) 5　　　　　　**(2)** 10

3 **(1)** 3　　　　　　**(2)** 15

4 **(1)** 4　　　　　　**(2)** 12

---

5 4, 12

예

6 15　　　　　　7 ㉡

8 25

1 **(1)** 공깃돌 12개를 똑같이 4묶음으로 나눈 것
중의 1묶음은 3개입니다.

→ 12의 $\frac{1}{4}$은 3입니다.

(2) 공깃돌 12개를 똑같이 4묶음으로 나눈 것
중의 2묶음은 6개입니다.

→ 12의 $\frac{2}{4}$는 6입니다.

2 **(1)** 블록 15개를 똑같이 3묶음으로 나눈 것 중
의 1묶음은 5개입니다.

→ 15의 $\frac{1}{3}$은 5입니다.

(2) 블록 15개를 똑같이 3묶음으로 나눈 것 중
의 2묶음은 10개입니다.

→ 15의 $\frac{2}{3}$는 10입니다.

3

(1) 조개 18개를 똑같이 6묶음으로 나눈 것 중
의 1묶음은 3개입니다.

→ 18의 $\frac{1}{6}$은 3입니다.

(2) 조개 18개를 똑같이 6묶음으로 나눈 것 중
의 5묶음은 15개입니다.

→ 18의 $\frac{5}{6}$는 15입니다.

4

(1) 소라 20개를 똑같이 5묶음으로 나눈 것 중
의 1묶음은 4개입니다.

→ 20의 $\frac{1}{5}$은 4입니다.

(2) 소라 20개를 똑같이 5묶음으로 나눈 것 중의 3묶음은 12개입니다.

→ 20의 $\frac{3}{5}$은 12입니다.

5 • 풍선 16개를 똑같이 4묶음으로 나눈 것 중의 1묶음은 4개이므로 빨간색으로 4개 색칠합니다.

• 풍선 16개를 똑같이 4묶음으로 나눈 것 중의 3묶음은 12개이므로 파란색으로 12개 색칠합니다.

6

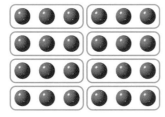

24를 똑같이 8묶음으로 나눈 것 중의 5묶음은 15입니다.
따라서 수호가 말한 수는 15입니다.

7 ㉠ 21을 똑같이 7묶음으로 나눈 것 중의 4묶음은 12입니다.

㉡ 30을 똑같이 2묶음으로 나눈 것 중의 1묶음은 15입니다.

㉢ 32를 똑같이 8묶음으로 나눈 것 중의 3묶음은 12입니다.

따라서 나타내는 수가 다른 하나는 ㉡입니다.

8 45를 똑같이 9묶음으로 나눈 것 중의 5묶음은 25입니다.
따라서 지후가 종이접기 하는 데 사용한 색종이는 25장입니다.

12 일차

1 **(1)** 1, 5, 2 / 2   **(2)** 2, 5, 4 / 4
    (3) 4, 5, 8 / 8

2 **(1)** 1, 4 / 3 / 3   **(2)** 2, 4, 6 / 6
    (3) 3, 4, 9 / 9

1 **(1)** 2   **(2)** 6

2 **(1)** 4   **(2)** 8

3 **(1)** 15   **(2)** 45

4 **(1)** 10   **(2)** 50

5 지수   **6** ㉠ 30, ㉡ 40

7 **(1)** 20   **(2)** 80

8 9

1 **(1)** 8 cm를 똑같이 4로 나눈 것 중의 1은 전체의 $\frac{1}{4}$이고, 2 cm입니다.

→ 8 cm의 $\frac{1}{4}$은 2 cm입니다.

(2) 8 cm를 똑같이 4로 나눈 것 중의 3은 전체의 $\frac{3}{4}$이고, 6 cm입니다.

→ 8 cm의 $\frac{3}{4}$은 6 cm입니다.

2 **(1)** 12 cm를 똑같이 3으로 나눈 것 중의 1은 전체의 $\frac{1}{3}$이고, 4 cm입니다.

→ 12 cm의 $\frac{1}{3}$은 4 cm입니다.

(2) 12 cm를 똑같이 3으로 나눈 것 중의 2는 전체의 $\frac{2}{3}$이고, 8 cm입니다.

→ 12 cm의 $\frac{2}{3}$는 8 cm입니다.

3 1시간은 60분입니다.
(1) 60분을 똑같이 4로 나눈 것 중의 1은 전체의 $\frac{1}{4}$이고, 15분입니다.

→ 1시간의 $\frac{1}{4}$은 15분입니다.

(2) 60분을 똑같이 4로 나눈 것 중의 3은 전체의 $\frac{3}{4}$이고, 45분입니다.

→ 1시간의 $\frac{3}{4}$은 45분입니다.

4 1시간은 60분입니다.

(1) 60분을 똑같이 6으로 나눈 것 중의 1은 전체의 $\frac{1}{6}$이고, 10분입니다.

→ 1시간의 $\frac{1}{6}$은 10분입니다.

(2) 60분을 똑같이 6으로 나눈 것 중의 5는 전체의 $\frac{5}{6}$이고, 50분입니다.

→ 1시간의 $\frac{5}{6}$는 50분입니다.

5 지수: 15 cm를 똑같이 5로 나눈 것 중의 1은 전체의 $\frac{1}{5}$이고, 3 cm입니다.

→ 15 cm의 $\frac{1}{5}$은 3 cm입니다.

정훈: 15 cm를 똑같이 5로 나눈 것 중의 3은 전체의 $\frac{3}{5}$이고, 9 cm입니다.

→ 15 cm의 $\frac{3}{5}$은 9 cm입니다.

따라서 바르게 말한 친구는 지수입니다.

6 1분은 60초입니다.

㉠ 60초를 똑같이 2로 나눈 것 중의 1은 전체의 $\frac{1}{2}$이고, 30초입니다.

→ 1분의 $\frac{1}{2}$은 30초입니다.

㉡ 60초를 똑같이 3으로 나눈 것 중의 2는 전체의 $\frac{2}{3}$이고, 40초입니다.

→ 1분의 $\frac{2}{3}$는 40초입니다.

7 1 m＝100 cm입니다.

(1) 100 cm를 똑같이 5로 나눈 것 중의 1이므로 $\frac{1}{5}$ m는 20 cm입니다.

(2) 100 cm를 똑같이 5로 나눈 것 중의 4이므로 $\frac{4}{5}$ m는 80 cm입니다.

참고 1 m＝100 cm이므로 1 m의 $\frac{1}{\blacksquare}$은 100 cm의 $\frac{1}{\blacksquare}$을 이용해 구할 수 있습니다.

8 24시간을 똑같이 8로 나눈 것 중의 3은 9시간입니다.

따라서 승준이가 잠을 잔 시간은 9시간입니다.

---

13 일차

개념 확인   56~57쪽

1 **(1)** $\frac{1}{5}$ / $\frac{6}{5}$ / $\frac{10}{5}$ / $\frac{1}{5}$, $\frac{6}{5}$, $\frac{10}{5}$

(2) 진분수 / 가분수 / 자연수

2 **(1)** $1\frac{1}{3}$, 1과 3분의 1

(2) $2\frac{2}{5}$, 2와 5분의 2

(3) 대분수

기본 다지기   58~59쪽

1 **(1)** $\frac{4}{9}$, $\frac{5}{12}$ **(2)** $\frac{7}{2}$, $\frac{11}{6}$, $\frac{8}{8}$

2 **(1)** $1\frac{2}{9}$, $2\frac{3}{7}$ **(2)** $\frac{13}{6}$, $\frac{6}{3}$

3 (✕) (○) (○) (✕)

4 ⑤   **5** $\frac{30}{10}$

6 $\frac{6}{6}$ **7** $5\frac{1}{4}$, $5\frac{2}{4}$, $5\frac{3}{4}$

8 우유

1 **(1)** 진분수는 분자가 분모보다 작은 분수이므로 $\frac{4}{9}$, $\frac{5}{12}$입니다.

(2) 가분수는 분자가 분모와 같거나 분모보다 큰 분수이므로 $\frac{7}{2}$, $\frac{11}{6}$, $\frac{8}{8}$입니다.

2 **(1)** 대분수는 자연수와 진분수로 이루어진 분수이므로 $1\frac{2}{9}$, $2\frac{3}{7}$입니다.

(2) 가분수는 분자가 분모와 같거나 분모보다 큰 분수이므로 $\frac{13}{6}$, $\frac{6}{3}$입니다.

3 • $\frac{7}{13}$ → 진분수   • $\frac{11}{4}$ → 가분수

• $\frac{10}{5}$ → 가분수   • $3\frac{5}{8}$ → 대분수

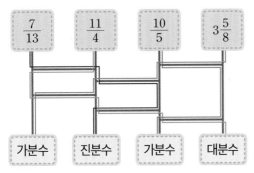

4 진분수는 분자가 분모보다 작은 분수이므로 ■는 1부터 7까지의 자연수이어야 합니다.

5 자연수 1을 분모가 10인 분수로 나타내면 $\dfrac{10}{10}$입니다.

따라서 자연수 3을 분모가 10인 분수로 나타내면 $\dfrac{30}{10}$입니다.

6 분모가 6인 가분수는 분자가 6과 같거나 6보다 큰 분수입니다.

따라서 분모가 6인 가분수 중에서 분자가 가장 작은 분수는 $\dfrac{6}{6}$입니다.

7 분모가 4인 진분수를 구하면 $\dfrac{1}{4}$, $\dfrac{2}{4}$, $\dfrac{3}{4}$입니다.

따라서 자연수 부분이 5이고 분모가 4인 대분수는 $5\dfrac{1}{4}$, $5\dfrac{2}{4}$, $5\dfrac{3}{4}$입니다.

8 • $2\dfrac{5}{6}$ → 대분수   • $\dfrac{6}{7}$ → 진분수

• $\dfrac{13}{9}$ → 가분수

따라서 민주가 사용한 양이 가분수인 재료는 우유입니다.

14 일차

개념 확인   60~61쪽

1 (1) 6, 6, 4   (2) 7, 7, 3
   (3) 18, 18, 5

2 (1) 1, 4, 1, 1, 4   (2) 2, 4, 5, 2, 4, 5
   (3) 3, 2, 3, 3, 2, 3

1 (1) 자연수 1은 $\dfrac{1}{4}$이 4개이므로 대분수 $1\dfrac{2}{4}$는 $\dfrac{1}{4}$이 6개입니다.

(2) 자연수 2는 $\dfrac{1}{3}$이 6개이므로 대분수 $2\dfrac{1}{3}$은 $\dfrac{1}{3}$이 7개입니다.

(3) 자연수 3은 $\dfrac{1}{5}$이 15개이므로 대분수 $3\dfrac{3}{5}$은 $\dfrac{1}{5}$이 18개입니다.

기본 다지기   62~63쪽

1 (1) 17, 7   (2) 15, 4

2 (1) 2, 2, 5   (2) 3, 1, 6

3 (1) $\dfrac{15}{8}$ (2) $\dfrac{7}{2}$

   (3) $\dfrac{23}{9}$ (4) $\dfrac{17}{3}$

   (5) $2\dfrac{1}{4}$ (6) $4\dfrac{2}{3}$

   (7) $3\dfrac{3}{5}$ (8) $5\dfrac{5}{7}$

4 23, $\dfrac{23}{5}$

5

6 ㉡   **7** $4\dfrac{7}{10}$

1 (1) 자연수 2는 $\dfrac{1}{7}$이 14개이므로 대분수 $2\dfrac{3}{7}$은 $\dfrac{1}{7}$이 17개입니다.

(2) 자연수 3은 $\dfrac{1}{4}$이 12개이므로 대분수 $3\dfrac{3}{4}$은 $\dfrac{1}{4}$이 15개입니다.

2 (1) 가분수 $\dfrac{12}{5}$는 자연수 2와 진분수 $\dfrac{2}{5}$만큼인 수입니다.

(2) 가분수 $\dfrac{19}{6}$는 자연수 3과 진분수 $\dfrac{1}{6}$만큼인 수입니다.

3 (1) $1\dfrac{7}{8}$에서 $1=\dfrac{8}{8}$이므로 $1\dfrac{7}{8}$은 $\dfrac{1}{8}$이 15개입니다. → $1\dfrac{7}{8}=\dfrac{15}{8}$

(2) $3\frac{1}{2}$ 에서 $3=\frac{6}{2}$ 이므로 $3\frac{1}{2}$ 은 $\frac{1}{2}$ 이 7개

입니다. ➜ $3\frac{1}{2}=\frac{7}{2}$

(3) $2\frac{5}{9}$ 에서 $2=\frac{18}{9}$ 이므로 $2\frac{5}{9}$ 는 $\frac{1}{9}$ 이 23개

입니다. ➜ $2\frac{5}{9}=\frac{23}{9}$

(4) $5\frac{2}{3}$ 에서 $5=\frac{15}{3}$ 이므로 $5\frac{2}{3}$ 는 $\frac{1}{3}$ 이 17개

입니다. ➜ $5\frac{2}{3}=\frac{17}{3}$

(5) $\frac{9}{4}$ 에서 $\frac{8}{4}=2$ 이고 나머지 $\frac{1}{4}$ 은 진분수

로 나타냅니다. ➜ $\frac{9}{4}=2\frac{1}{4}$

(6) $\frac{14}{3}$ 에서 $\frac{12}{3}=4$ 이고 나머지 $\frac{2}{3}$ 는 진분

수로 나타냅니다. ➜ $\frac{14}{3}=4\frac{2}{3}$

(7) $\frac{18}{5}$ 에서 $\frac{15}{5}=3$ 이고 나머지 $\frac{3}{5}$ 은 진분

수로 나타냅니다. ➜ $\frac{18}{5}=3\frac{3}{5}$

(8) $\frac{40}{7}$ 에서 $\frac{35}{7}=5$ 이고 나머지 $\frac{5}{7}$ 는 진분

수로 나타냅니다. ➜ $\frac{40}{7}=5\frac{5}{7}$

4 $4\frac{3}{5}$ 에서 $4=\frac{20}{5}$ 이므로 $4\frac{3}{5}$ 은 $\frac{1}{5}$ 이 23개

입니다. ➜ $4\frac{3}{5}=\frac{23}{5}$

5 • $2\frac{1}{7}$ 에서 $2=\frac{14}{7}$ 이므로 $2\frac{1}{7}$ 은 $\frac{1}{7}$ 이 15개

입니다. ➜ $2\frac{1}{7}=\frac{15}{7}$

• $1\frac{6}{7}$ 에서 $1=\frac{7}{7}$ 이므로 $1\frac{6}{7}$ 은 $\frac{1}{7}$ 이 13개

입니다. ➜ $1\frac{6}{7}=\frac{13}{7}$

• $3\frac{2}{7}$ 에서 $3=\frac{21}{7}$ 이므로 $3\frac{2}{7}$ 는 $\frac{1}{7}$ 이 23개

입니다. ➜ $3\frac{2}{7}=\frac{23}{7}$

6 • $\frac{25}{6}$ 에서 $\frac{24}{6}=4$ 이고 나머지 $\frac{1}{6}$ 은 진분수

로 나타냅니다.

➜ $\frac{25}{6}=4\frac{1}{6}$ 이므로 ㉠=1입니다.

• $\frac{25}{9}$ 에서 $\frac{18}{9}=2$ 이고 나머지 $\frac{7}{9}$ 은 진분수

로 나타냅니다.

➜ $\frac{25}{9}=2\frac{7}{9}$ 이므로 ㉡=2입니다.

따라서 1<2이므로 ㉠과 ㉡에 알맞은 수 중

에서 더 큰 것은 ㉡입니다.

7 $\frac{47}{10}$ 에서 $\frac{40}{10}=4$ 이고 나머지 $\frac{7}{10}$ 은 진분수

로 나타냅니다. ➜ $\frac{47}{10}=4\frac{7}{10}$

따라서 서하가 키우는 사슴벌레의 길이를 대분

수로 나타내면 $4\frac{7}{10}$ cm입니다.

15 일차

1 **(1)** $>$, $>$ **(2)** $<$, $<$

   (3) $<$, $<$ **(4)** $>$

2 **(1)** $\frac{8}{5}$, $\frac{8}{5}$, $<$ / $<$

   (2) $\frac{9}{4}$, $\frac{9}{4}$, $=$ / $=$

   (3) $1\frac{5}{7}$, $1\frac{5}{7}$, $>$ / $>$

   (4) $1\frac{7}{9}$, $1\frac{7}{9}$, $<$ / $<$

1 **(1)** $<$ **(2)** $>$

   (3) $<$ **(4)** $>$

   (5) $>$ **(6)** $<$

2 **(1)** $>$ **(2)** $<$

   (3) $>$ **(4)** $<$

   (5) $<$ **(6)** $>$

3 **(1)** $<$ **(2)** $>$

   (3) $=$ **(4)** $<$

   (5) $>$ **(6)** $=$

4 ㉠

5 $2\dfrac{9}{13} > 2\dfrac{5}{13}$ 에 ○표

6 $\dfrac{37}{7}$ / $\dfrac{37}{7}$, $5\dfrac{1}{7}$ 7 동생

1 **(1)** 분자의 크기를 비교하면 $5 < 7$이므로

$\dfrac{5}{2} < \dfrac{7}{2}$ 입니다.

(2) 분자의 크기를 비교하면 $19 > 15$이므로

$\dfrac{19}{6} > \dfrac{15}{6}$ 입니다.

(3) 분자의 크기를 비교하면 $8 < 13$이므로

$\dfrac{8}{3} < \dfrac{13}{3}$ 입니다.

(4) 분자의 크기를 비교하면 $11 > 10$이므로

$\dfrac{11}{7} > \dfrac{10}{7}$ 입니다.

(5) 분자의 크기를 비교하면 $16 > 12$이므로

$\dfrac{16}{9} > \dfrac{12}{9}$ 입니다.

(6) 분자의 크기를 비교하면 $17 < 21$이므로

$\dfrac{17}{8} < \dfrac{21}{8}$ 입니다.

2 **(1)** 자연수의 크기를 비교하면 $2 > 1$이므로

$2\dfrac{1}{8} > 1\dfrac{3}{8}$ 입니다.

(2) 자연수의 크기를 비교하면 $1 < 5$이므로

$1\dfrac{3}{7} < 5\dfrac{6}{7}$ 입니다.

(3) 자연수의 크기를 비교하면 $4 > 2$이므로

$4\dfrac{2}{9} > 2\dfrac{7}{9}$ 입니다.

(4) 자연수의 크기가 같으므로 분자의 크기를

비교하면 $3\dfrac{1}{6} < 3\dfrac{5}{6}$ 입니다.

(5) 자연수의 크기가 같으므로 분자의 크기를

비교하면 $2\dfrac{3}{5} < 2\dfrac{4}{5}$ 입니다.

(6) 자연수의 크기가 같으므로 분자의 크기를

비교하면 $1\dfrac{11}{12} > 1\dfrac{5}{12}$ 입니다.

3 **(1)** $\dfrac{13}{6} = 2\dfrac{1}{6}$이므로 $2\dfrac{1}{6} < 3\dfrac{5}{6}$

➡ $\dfrac{13}{6} < 3\dfrac{5}{6}$ 입니다.

(2) $\dfrac{22}{9} = 2\dfrac{4}{9}$이므로 $2\dfrac{4}{9} > 1\dfrac{5}{9}$

➡ $\dfrac{22}{9} > 1\dfrac{5}{9}$ 입니다.

(3) $\dfrac{19}{5} = 3\dfrac{4}{5}$이므로 $3\dfrac{4}{5} = 3\dfrac{4}{5}$

➡ $\dfrac{19}{5} = 3\dfrac{4}{5}$ 입니다.

(4) $2\dfrac{5}{8} = \dfrac{21}{8}$이므로 $\dfrac{21}{8} < \dfrac{27}{8}$

➡ $2\dfrac{5}{8} < \dfrac{27}{8}$ 입니다.

(5) $3\dfrac{4}{7} = \dfrac{25}{7}$이므로 $\dfrac{25}{7} > \dfrac{16}{7}$

➡ $3\dfrac{4}{7} > \dfrac{16}{7}$ 입니다.

(6) $1\dfrac{9}{10} = \dfrac{19}{10}$이므로 $\dfrac{19}{10} = \dfrac{19}{10}$

➡ $1\dfrac{9}{10} = \dfrac{19}{10}$ 입니다.

4 ㉠ $\dfrac{1}{4}$이 19개인 수 ➡ $\dfrac{19}{4}$

분자의 크기를 비교하면 $19 > 17$이므로

$\dfrac{19}{4} > \dfrac{17}{4}$ 입니다.

따라서 더 큰 분수는 ㉠입니다.

5 · 자연수의 크기를 비교하면 $5 > 3$이므로

$5\dfrac{3}{8} > 3\dfrac{7}{8}$ 입니다.

· 자연수의 크기가 같으므로 분자의 크기를 비

교하면 $2\dfrac{9}{13} > 2\dfrac{5}{13}$ 입니다.

6 아래에서부터 두 분수의 크기를 비교하면

$\dfrac{25}{7} < \dfrac{37}{7}$, $5\dfrac{1}{7} > 4\dfrac{5}{7}$ 입니다.

따라서 $\dfrac{37}{7} = 5\dfrac{2}{7}$이므로 $5\dfrac{2}{7} > 5\dfrac{1}{7}$

➡ $\dfrac{37}{7} > 5\dfrac{1}{7}$ 입니다.

7 $4\dfrac{5}{9} = \dfrac{41}{9}$이므로 $\dfrac{41}{9} > \dfrac{32}{9}$

➡ $4\dfrac{5}{9} > \dfrac{32}{9}$ 입니다.

따라서 더 짧은 끈을 가지고 있는 사람은 동생

입니다.

마무리 하기

68~71쪽

1 예

3 / 3, 8

2 예

6, 4, 4, 6

3 나현

4 $\dfrac{29}{8}$, $3\dfrac{5}{8}$

5 예

4, 20

6 (○) (×) (○) (×)

7 (1) $<$ (2) $>$
  (3) $>$ (4) $<$

8 2, 3

9

10 ⓒ   **11** 2

12 $2\dfrac{5}{8}$, $\dfrac{23}{8}$, 3, $3\dfrac{1}{8}$에 ○표

---

2 구슬 18개를 3개씩 묶으면 6묶음입니다.
12는 18을 똑같이 6묶음으로 나눈 것 중의 4
묶음이므로 12는 18의 $\dfrac{4}{6}$입니다.

3 나현: 1은 $\dfrac{1}{3}$이 3개인 수이므로 3은 $\dfrac{1}{3}$이 9개

인 수입니다. ➜ $3=\dfrac{9}{3}$

따라서 자연수를 분수로 잘못 나타낸 친구는
나현입니다.

4 •색칠한 부분은 $\dfrac{1}{8}$이 29개이므로 가분수로

나타내면 $\dfrac{29}{8}$입니다.

•색칠한 부분은 3과 $\dfrac{5}{8}$만큼이므로 대분수로

나타내면 $3\dfrac{5}{8}$입니다.

5 •별 24개를 똑같이 6묶음으로 나눈 것 중의
1묶음은 4개이므로 빨간색으로 4개 색칠합니다.
•별 24개를 똑같이 6묶음으로 나눈 것 중의
5묶음은 20개이므로 노란색으로 20개 색칠
합니다.

6 •$3\dfrac{5}{6}$에서 $3=\dfrac{18}{6}$이므로 $3\dfrac{5}{6}$는 $\dfrac{1}{6}$이 23개

입니다. ➜ $3\dfrac{5}{6}=\dfrac{23}{6}$

•$\dfrac{52}{9}$에서 $\dfrac{45}{9}=5$이고 나머지 $\dfrac{7}{9}$은 진분수

로 나타냅니다. ➜ $\dfrac{52}{9}=5\dfrac{7}{9}$

•$\dfrac{46}{9}$에서 $\dfrac{45}{9}=5$이고 나머지 $\dfrac{1}{9}$은 진분수

로 나타냅니다. ➜ $\dfrac{46}{9}=5\dfrac{1}{9}$

•$4\dfrac{1}{6}$에서 $4=\dfrac{24}{6}$이므로 $4\dfrac{1}{6}$은 $\dfrac{1}{6}$이 25개

입니다. ➜ $4\dfrac{1}{6}=\dfrac{25}{6}$

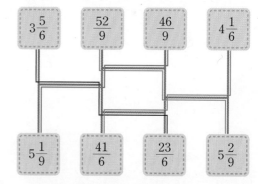

7 (3) $\dfrac{35}{8}=4\dfrac{3}{8}$이므로 $4\dfrac{3}{8}>3\dfrac{7}{8}$

➜ $\dfrac{35}{8}>3\dfrac{7}{8}$입니다.

(4) $2\dfrac{2}{9}=\dfrac{20}{9}$이므로 $\dfrac{20}{9}<\dfrac{22}{9}$

➜ $2\dfrac{2}{9}<\dfrac{22}{9}$입니다.

8 •36을 4씩 묶으면 9묶음입니다.
8은 36을 똑같이 9묶음으로 나눈 것 중의 2
묶음이므로 8은 36의 $\dfrac{2}{9}$입니다.

➜ ㉠$=2$

- 36을 9씩 묶으면 4묶음입니다.

  27은 36을 똑같이 4묶음으로 나눈 것 중의

  3묶음이므로 27은 36의 $\frac{3}{4}$입니다.

  → ⓒ=3

  따라서 희주네 집은 23층입니다.

10 ⓐ 36 cm를 똑같이 3으로 나눈 것 중의 2는
     24 cm입니다.

   ⓑ 42 cm를 똑같이 7로 나눈 것 중의 4는
     24 cm입니다.

   ⓒ 48 cm를 똑같이 8로 나눈 것 중의 3은
     18 cm입니다.

   따라서 길이가 다른 하나는 ⓒ입니다.

11 24시간을 똑같이 12로 나눈 것 중의 1은
   2시간입니다.

   따라서 소정이가 친구들과 놀이터에서 논 시
   간은 2시간입니다.

12 • $2\frac{5}{8} = \frac{21}{8}$ • $2\frac{2}{8} = \frac{18}{8}$

   • $3 = \frac{24}{8}$ • $3\frac{1}{8} = \frac{25}{8}$

   따라서 $\frac{21}{8}$과 같거나 큰 분수는 $2\frac{5}{8}$, $\frac{23}{8}$,

   3, $3\frac{1}{8}$입니다.

미래엔
환경 지킴이

72쪽

18

17 일차

개념 확인   74~75쪽

1 (1) (예)  / 2, 1, 3

  (2) (예)  / 4, 2, 6

2 (1) $\frac{2}{6} + \frac{3}{6} = \frac{2+3}{6} = \frac{5}{6}$

  (2) $\frac{7}{10} + \frac{2}{10} = \frac{7+2}{10} = \frac{9}{10}$

3 (1)  / 1, 2, 3, 1

  (2) (예) 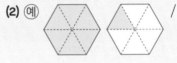 /

     4, 3, 7, 1, 1

4 (1) $\frac{7}{9} + \frac{6}{9} = \frac{7+6}{9} = \frac{13}{9} = 1\frac{4}{9}$

  (2) $\frac{5}{12} + \frac{9}{12} = \frac{5+9}{12} = \frac{14}{12} = 1\frac{2}{12}$

기본 다지기   76~77쪽

1 (1) 4 / 2, 4, 6

  (2) 3, 2 / 3, 2, 5, 1, 1

2 (1) $\frac{4}{5}$ (2) $\frac{5}{6}$

  (3) $\frac{7}{8}$ (4) $\frac{10}{12}$

  (5) $1\frac{2}{4}\left(=\frac{6}{4}\right)$ (6) $1\frac{3}{7}\left(=\frac{10}{7}\right)$

  (7) $1\left(=\frac{10}{10}\right)$ (8) $1\frac{1}{13}\left(=\frac{14}{13}\right)$

3 정환

4 (1) $\dfrac{5}{7}$ (2) $1\dfrac{4}{11}\left(=\dfrac{15}{11}\right)$

5 $\dfrac{7}{9}$ **6** $\dfrac{5}{6}+\dfrac{4}{6}$ 에 색칠

7 $\dfrac{3}{8}+\dfrac{7}{8}=1\dfrac{2}{8}\left(=\dfrac{10}{8}\right)$ /

$1\dfrac{2}{8}\left(=\dfrac{10}{8}\right)$

2 (1) $\dfrac{3}{5}+\dfrac{1}{5}=\dfrac{3+1}{5}=\dfrac{4}{5}$

(2) $\dfrac{1}{6}+\dfrac{4}{6}=\dfrac{1+4}{6}=\dfrac{5}{6}$

(3) $\dfrac{5}{8}+\dfrac{2}{8}=\dfrac{5+2}{8}=\dfrac{7}{8}$

(4) $\dfrac{7}{12}+\dfrac{3}{12}=\dfrac{7+3}{12}=\dfrac{10}{12}$

(5) $\dfrac{3}{4}+\dfrac{3}{4}=\dfrac{3+3}{4}=\dfrac{6}{4}=1\dfrac{2}{4}$

(6) $\dfrac{4}{7}+\dfrac{6}{7}=\dfrac{4+6}{7}=\dfrac{10}{7}=1\dfrac{3}{7}$

(7) $\dfrac{2}{10}+\dfrac{8}{10}=\dfrac{2+8}{10}=\dfrac{10}{10}=1$

(8) $\dfrac{9}{13}+\dfrac{5}{13}=\dfrac{9+5}{13}=\dfrac{14}{13}=1\dfrac{1}{13}$

3 연주: $\dfrac{3}{5}+\dfrac{3}{5}=\dfrac{3+3}{5}=\dfrac{6}{5}=1\dfrac{1}{5}$

정환: $\dfrac{4}{11}+\dfrac{7}{11}=\dfrac{4+7}{11}=\dfrac{11}{11}=1$

따라서 바르게 계산한 친구는 정환이입니다.

4 (1) $\dfrac{2}{7}+\dfrac{3}{7}=\dfrac{2+3}{7}=\dfrac{5}{7}$

(2) $\dfrac{6}{11}+\dfrac{9}{11}=\dfrac{6+9}{11}=\dfrac{15}{11}=1\dfrac{4}{11}$

5 $\left(\dfrac{2}{9}\text{보다 }\dfrac{5}{9}\text{ 더 큰 수}\right)$

$=\dfrac{2}{9}+\dfrac{5}{9}=\dfrac{2+5}{9}=\dfrac{7}{9}$

6 • $\dfrac{5}{6}+\dfrac{4}{6}=\dfrac{5+4}{6}=\dfrac{9}{6}=1\dfrac{3}{6}$

• $\dfrac{3}{10}+\dfrac{6}{10}=\dfrac{3+6}{10}=\dfrac{9}{10}$

• $\dfrac{8}{15}+\dfrac{7}{15}=\dfrac{8+7}{15}=\dfrac{15}{15}=1$

따라서 계산 결과가 1보다 크고 2보다 작은 덧셈식은 $\dfrac{5}{6}+\dfrac{4}{6}$ 입니다.

7 (선호가 아침과 저녁에 마신 주스의 양)
= (아침에 마신 주스의 양)
   + (저녁에 마신 주스의 양)
$=\dfrac{3}{8}+\dfrac{7}{8}=\dfrac{10}{8}=1\dfrac{2}{8}$ (L)

18 일차

개념 확인 78~79쪽

1 (1) 3, 2, 3 (2) 3, 5, 3, 5

(3) 3, 6, 3, 6

(4) $2\dfrac{2}{12}+2\dfrac{6}{12}=4+\dfrac{8}{12}=4\dfrac{8}{12}$

2 (1) 4, 8, 2, 2
(2) 13, 6, 19, 3, 4
(3) 11, 21, 32, 3, 5

(4) $3\dfrac{5}{10}+2\dfrac{4}{10}=\dfrac{35}{10}+\dfrac{24}{10}$

$=\dfrac{59}{10}=5\dfrac{9}{10}$

기본 다지기 80~81쪽

1 (1) 9, 10 / 9, 10, 19, 2, 5
(2) 11, 7 / 11, 7, 18, 3, 3

2 (1) $3\dfrac{3}{4}$ (2) $3\dfrac{6}{9}$

(3) $5\dfrac{7}{8}$ (4) $5\dfrac{5}{6}$

(5) $7\dfrac{4}{10}$ (6) $8\dfrac{4}{5}$

3 (1) $5\dfrac{5}{9}$ (2) $3\dfrac{10}{12}$

4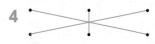

5 (1) $4\dfrac{3}{5}$ (2) $6\dfrac{9}{11}$

2 (1) $3\dfrac{2}{4}+\dfrac{1}{4}=3+\dfrac{3}{4}=3\dfrac{3}{4}$

(2) $2\dfrac{4}{9}+1\dfrac{2}{9}=3+\dfrac{6}{9}=3\dfrac{6}{9}$

(3) $2\dfrac{5}{8}+3\dfrac{2}{8}=5+\dfrac{7}{8}=5\dfrac{7}{8}$

(4) $1\dfrac{3}{6}+4\dfrac{2}{6}=5+\dfrac{5}{6}=5\dfrac{5}{6}$

(5) $5\dfrac{3}{10}+2\dfrac{1}{10}=7+\dfrac{4}{10}=7\dfrac{4}{10}$

(6) $4\dfrac{1}{5}+4\dfrac{3}{5}=8+\dfrac{4}{5}=8\dfrac{4}{5}$

3 (1) $3\dfrac{1}{9}+2\dfrac{4}{9}=5+\dfrac{5}{9}=5\dfrac{5}{9}$

(2) $1\dfrac{7}{12}+2\dfrac{3}{12}=3+\dfrac{10}{12}=3\dfrac{10}{12}$

4 · $3\dfrac{4}{7}+1\dfrac{1}{7}=4+\dfrac{5}{7}=4\dfrac{5}{7}$

· $1\dfrac{2}{7}+3\dfrac{4}{7}=4+\dfrac{6}{7}=4\dfrac{6}{7}$

· $2\dfrac{1}{7}+2\dfrac{3}{7}=4+\dfrac{4}{7}=4\dfrac{4}{7}$

5 (1) $1\dfrac{2}{5}+3\dfrac{1}{5}=4+\dfrac{3}{5}=4\dfrac{3}{5}$

(2) $4\dfrac{6}{11}+2\dfrac{3}{11}=6+\dfrac{9}{11}=6\dfrac{9}{11}$

6 (1) · $2\dfrac{3}{8}+3\dfrac{3}{8}=5+\dfrac{6}{8}=5\dfrac{6}{8}$

· $4\dfrac{5}{8}+\dfrac{1}{8}=4+\dfrac{6}{8}=4\dfrac{6}{8}$

따라서 $5\dfrac{6}{8}>4\dfrac{6}{8}$이므로

$2\dfrac{3}{8}+3\dfrac{3}{8}>4\dfrac{5}{8}+\dfrac{1}{8}$입니다.

(2) · $1\dfrac{5}{20}+2\dfrac{11}{20}=3+\dfrac{16}{20}=3\dfrac{16}{20}$

· $2\dfrac{12}{20}+1\dfrac{7}{20}=3+\dfrac{19}{20}=3\dfrac{19}{20}$

따라서 $3\dfrac{16}{20}<3\dfrac{19}{20}$이므로

$1\dfrac{5}{20}+2\dfrac{11}{20}<2\dfrac{12}{20}+1\dfrac{7}{20}$입니다.

참고 분모가 같은 대분수는 먼저 자연수의 크기를 비교하고 자연수의 크기가 같으면 분자의 크기를 비교합니다.

7 (재우의 몸무게)

$=$(연서의 몸무게)$+3\dfrac{1}{5}$

$=31\dfrac{2}{5}+3\dfrac{1}{5}=34+\dfrac{3}{5}=34\dfrac{3}{5}$ (kg)

19 일차

개념 확인 82~83쪽

1 (1) 4, 1, 1, 3, 1
(2) 3, 8, 3, 1, 2, 4, 2
(3) 3, 13, 3, 1, 4, 4, 4
(4) $2\dfrac{4}{12}+3\dfrac{11}{12}=5+\dfrac{15}{12}$

$\qquad\qquad =5+1\dfrac{3}{12}=6\dfrac{3}{12}$

2 (1) 6, 13, 3, 1
(2) 4, 8, 12, 4
(3) 13, 9, 22, 4, 2
(4) $3\dfrac{7}{8}+2\dfrac{5}{8}=\dfrac{31}{8}+\dfrac{21}{8}$

$\qquad\qquad =\dfrac{52}{8}=6\dfrac{4}{8}$

기본 다지기 84~85쪽

1 (1) 9, 8 / 9, 8, 17, 3, 2
(2) 15, 11 / 15, 11, 26, 4, 2

2 (1) $5\dfrac{2}{4}$ (2) $6\dfrac{2}{7}$

(3) $4\dfrac{4}{9}$ (4) 7

(5) $6\frac{4}{12}$ (6) $8\frac{4}{15}$

3 $9 \, / \, 4\frac{6}{10}$

4 $1\frac{3}{8}+2\frac{7}{8}$에 ○표

5 $2\frac{1}{9}+2\frac{3}{9}$에 색칠   **6** $5\frac{3}{7}$

7 $1\frac{17}{20}+1\frac{19}{20}=3\frac{16}{20}$ $/$ $3\frac{16}{20}$

---

2 (1) $1\frac{3}{4}+3\frac{3}{4}=4+\frac{6}{4}=4+1\frac{2}{4}=5\frac{2}{4}$

(2) $3\frac{4}{7}+2\frac{5}{7}=5+\frac{9}{7}=5+1\frac{2}{7}=6\frac{2}{7}$

(3) $2\frac{5}{9}+1\frac{8}{9}=3+\frac{13}{9}=3+1\frac{4}{9}=4\frac{4}{9}$

(4) $4\frac{3}{8}+2\frac{5}{8}=6+\frac{8}{8}=6+1=7$

(5) $1\frac{7}{12}+4\frac{9}{12}=5+\frac{16}{12}$
$\qquad\qquad =5+1\frac{4}{12}=6\frac{4}{12}$

(6) $2\frac{8}{15}+5\frac{11}{15}=7+\frac{19}{15}$
$\qquad\qquad =7+1\frac{4}{15}=8\frac{4}{15}$

3 ·$3\frac{2}{3}+5\frac{1}{3}=8+\frac{3}{3}=8+1=9$

·$1\frac{7}{10}+2\frac{9}{10}=3+\frac{16}{10}$
$\qquad\qquad =3+1\frac{6}{10}=4\frac{6}{10}$

4 ·$4\frac{1}{5}+1\frac{2}{5}$에서 $4+1=5$이고 진분수 부분
끼리의 합이 1보다 크지 않으므로 어림한 결
과는 5보다 크고 6보다 작습니다.

·$1\frac{3}{8}+2\frac{7}{8}$에서 $1+2=3$이고 진분수 부분
끼리의 합이 1보다 크므로 어림한 결과는 4
보다 크고 5보다 작습니다.

·$2\frac{6}{11}+2\frac{6}{11}$에서 $2+2=4$이고 진분수
부분끼리의 합이 1보다 크므로 어림한 결과
는 5보다 크고 6보다 작습니다.

---

5 ·$2\frac{1}{9}+2\frac{3}{9}=4+\frac{4}{9}=4\frac{4}{9}$

·$1\frac{4}{9}+2\frac{7}{9}=3+\frac{11}{9}=3+1\frac{2}{9}=4\frac{2}{9}$

따라서 $4\frac{4}{9}>4\frac{2}{9}$이므로 계산 결과가 더 큰

식은 $2\frac{1}{9}+2\frac{3}{9}$입니다.

6 $3\frac{4}{7}>2\frac{5}{7}>1\frac{6}{7}$이므로 가장 큰 분수는

$3\frac{4}{7}$, 가장 작은 분수는 $1\frac{6}{7}$입니다.

→ $3\frac{4}{7}+1\frac{6}{7}=4+\frac{10}{7}=4+1\frac{3}{7}=5\frac{3}{7}$

7 (소고기의 무게)+(돼지고기의 무게)

$=1\frac{17}{20}+1\frac{19}{20}=2+\frac{36}{20}$

$=2+1\frac{16}{20}=3\frac{16}{20}$ (kg)

20 일차

마무리 하기

86~89쪽

1 $2, 4 \, / \, 6 \, / \, 2, 4, 6, 1, 1$

2 방법① $2\frac{7}{9}+3\frac{1}{9}=5+\frac{8}{9}=5\frac{8}{9}$

방법② $2\frac{7}{9}+3\frac{1}{9}=\frac{25}{9}+\frac{28}{9}$
$\qquad\qquad\qquad =\frac{53}{9}=5\frac{8}{9}$

3 (1) $\frac{5}{8}$ (2) $1\frac{2}{9}\left(=\frac{11}{9}\right)$

(3) $5\frac{7}{11}$ (4) $6\frac{4}{7}$

4 (1) $\frac{10}{13}$ (2) $1\frac{6}{10}\left(=\frac{16}{10}\right)$

5 $4\frac{11}{15}$ **6**

7 $2, 1, 3$

8 예 $3\dfrac{4}{5}+2\dfrac{3}{5}=5+\dfrac{7}{5}$

$\qquad\qquad =5+1\dfrac{2}{5}=6\dfrac{2}{5}$

9 $2\dfrac{3}{4}$ 　　　　**10** 9

11 8 　　　　　　**12** $4\dfrac{2}{7}$

---

1 $\dfrac{2}{5}$ 는 $\dfrac{1}{5}$ 이 2개, $\dfrac{4}{5}$ 는 $\dfrac{1}{5}$ 이 4개이므로

$\dfrac{2}{5}+\dfrac{4}{5}$ 는 $\dfrac{1}{5}$ 이 $2+4=6$(개)입니다.

➡ $\dfrac{2}{5}+\dfrac{4}{5}=\dfrac{2+4}{5}=\dfrac{6}{5}=1\dfrac{1}{5}$

3 (1) $\dfrac{3}{8}+\dfrac{2}{8}=\dfrac{3+2}{8}=\dfrac{5}{8}$

(2) $\dfrac{4}{9}+\dfrac{7}{9}=\dfrac{4+7}{9}=\dfrac{11}{9}=1\dfrac{2}{9}$

(3) $2\dfrac{2}{11}+3\dfrac{5}{11}=5+\dfrac{7}{11}=5\dfrac{7}{11}$

(4) $4\dfrac{6}{7}+1\dfrac{5}{7}=5+\dfrac{11}{7}=5+1\dfrac{4}{7}=6\dfrac{4}{7}$

4 (1) $\dfrac{2}{13}+\dfrac{8}{13}=\dfrac{2+8}{13}=\dfrac{10}{13}$

(2) $\dfrac{7}{10}+\dfrac{9}{10}=\dfrac{7+9}{10}=\dfrac{16}{10}=1\dfrac{6}{10}$

5 $\left(1\dfrac{3}{15}\text{보다 }3\dfrac{8}{15}\text{ 더 큰 수}\right)$

$=1\dfrac{3}{15}+3\dfrac{8}{15}=4+\dfrac{11}{15}=4\dfrac{11}{15}$

6 $\cdot\,2\dfrac{3}{9}+3\dfrac{8}{9}=5+\dfrac{11}{9}=5+1\dfrac{2}{9}=6\dfrac{2}{9}$

$\cdot\,4\dfrac{7}{9}+1\dfrac{5}{9}=5+\dfrac{12}{9}=5+1\dfrac{3}{9}=6\dfrac{3}{9}$

$\cdot\,3\dfrac{1}{9}+3\dfrac{6}{9}=6+\dfrac{7}{9}=6\dfrac{7}{9}$

7 $\cdot\,\dfrac{5}{12}+\dfrac{7}{12}=\dfrac{5+7}{12}=\dfrac{12}{12}=1$

$\cdot\,\dfrac{9}{12}+\dfrac{2}{12}=\dfrac{9+2}{12}=\dfrac{11}{12}$

$\cdot\,\dfrac{8}{12}+\dfrac{11}{12}=\dfrac{8+11}{12}=\dfrac{19}{12}=1\dfrac{7}{12}$

➡ $\dfrac{11}{12}<1<1\dfrac{7}{12}$

8 진분수 부분끼리 더할 때에는 분모는 그대로 두고 분자끼리 더해야 합니다.

9 (예지네 집~학교~도서관)

$=$ (예지네 집~학교)$+$(학교~도서관)

$=1\dfrac{2}{4}+1\dfrac{1}{4}=2+\dfrac{3}{4}=2\dfrac{3}{4}$ (km)

10 가장 큰 대분수는 자연수 부분에 가장 큰 수를 놓으면 됩니다.

➡ 가장 큰 대분수: $7\dfrac{2}{6}$

따라서 가장 큰 대분수와 $1\dfrac{4}{6}$ 의 합은

$7\dfrac{2}{6}+1\dfrac{4}{6}=8+\dfrac{6}{6}=9$입니다.

11 $4\dfrac{5}{8}+3\dfrac{1}{8}=7+\dfrac{6}{8}=7\dfrac{6}{8}$

$\square>7\dfrac{6}{8}$ 이므로 $\square$ 안에 들어갈 수 있는 자연수는 8, 9, 10, ...입니다.

따라서 $\square$ 안에 들어갈 수 있는 가장 작은 자연수는 8입니다.

12 (노란색 끈의 길이)

$=$ (빨간색 끈의 길이)$+\dfrac{6}{7}$

$=1\dfrac{5}{7}+\dfrac{6}{7}=1+\dfrac{11}{7}$

$=1+1\dfrac{4}{7}=2\dfrac{4}{7}$ (m)

(선물 상자를 포장하는 데 사용한 빨간색 끈과 노란색 끈의 길이의 합)

$=$ (빨간색 끈의 길이)$+$(노란색 끈의 길이)

$=1\dfrac{5}{7}+2\dfrac{4}{7}=3+\dfrac{9}{7}$

$=3+1\dfrac{2}{7}=4\dfrac{2}{7}$ (m)

개념확인 90~91쪽

1 (1) 예 / 3, 2, 1

(2) 예 / 6, 4, 2

2 (1) $\dfrac{5}{6} - \dfrac{3}{6} = \dfrac{5-3}{6} = \dfrac{2}{6}$

(2) $\dfrac{7}{9} - \dfrac{2}{9} = \dfrac{7-2}{9} = \dfrac{5}{9}$

3 (1) 예 / 5, 3, 5, 3, 2

(2) 예 / 6, 2, 6, 2, 4

4 (1) $1 - \dfrac{1}{4} = \dfrac{4}{4} - \dfrac{1}{4} = \dfrac{4-1}{4} = \dfrac{3}{4}$

(2) $1 - \dfrac{6}{8} = \dfrac{8}{8} - \dfrac{6}{8} = \dfrac{8-6}{8} = \dfrac{2}{8}$

기본 다지기 92~93쪽

1 (1) 3 / 4, 3, 1

(2) 7, 5 / 7, 5, 7, 5, 2

2 (1) $\dfrac{1}{3}$ (2) $\dfrac{2}{8}$

(3) $\dfrac{2}{10}$ (4) $\dfrac{4}{11}$

(5) $\dfrac{2}{4}$ (6) $\dfrac{3}{5}$

(7) $\dfrac{3}{7}$ (8) $\dfrac{5}{12}$

3 (1) $\dfrac{1}{6}$ (2) $\dfrac{8}{11}$

4 (교차 연결선)

5 $\dfrac{7}{15}$

6 $\dfrac{10}{13} - \dfrac{4}{13}$ 에 ○표

7 $\dfrac{9}{10} - \dfrac{3}{10} = \dfrac{6}{10}$ / $\dfrac{6}{10}$

2 (1) $\dfrac{2}{3} - \dfrac{1}{3} = \dfrac{2-1}{3} = \dfrac{1}{3}$

(2) $\dfrac{5}{8} - \dfrac{3}{8} = \dfrac{5-3}{8} = \dfrac{2}{8}$

(3) $\dfrac{7}{10} - \dfrac{5}{10} = \dfrac{7-5}{10} = \dfrac{2}{10}$

(4) $\dfrac{9}{11} - \dfrac{5}{11} = \dfrac{9-5}{11} = \dfrac{4}{11}$

(5) $1 - \dfrac{2}{4} = \dfrac{4}{4} - \dfrac{2}{4} = \dfrac{4-2}{4} = \dfrac{2}{4}$

(6) $1 - \dfrac{2}{5} = \dfrac{5}{5} - \dfrac{2}{5} = \dfrac{5-2}{5} = \dfrac{3}{5}$

(7) $1 - \dfrac{4}{7} = \dfrac{7}{7} - \dfrac{4}{7} = \dfrac{7-4}{7} = \dfrac{3}{7}$

(8) $1 - \dfrac{7}{12} = \dfrac{12}{12} - \dfrac{7}{12} = \dfrac{12-7}{12} = \dfrac{5}{12}$

3 (1) $\dfrac{5}{6} - \dfrac{4}{6} = \dfrac{5-4}{6} = \dfrac{1}{6}$

(2) $1 - \dfrac{3}{11} = \dfrac{11}{11} - \dfrac{3}{11} = \dfrac{11-3}{11} = \dfrac{8}{11}$

4 • $\dfrac{6}{9} - \dfrac{2}{9} = \dfrac{6-2}{9} = \dfrac{4}{9}$

• $1 - \dfrac{4}{9} = \dfrac{9}{9} - \dfrac{4}{9} = \dfrac{9-4}{9} = \dfrac{5}{9}$

• $\dfrac{8}{9} - \dfrac{5}{9} = \dfrac{8-5}{9} = \dfrac{3}{9}$

5 ⓒ $\dfrac{1}{15}$ 이 8개인 수: $\dfrac{8}{15}$

따라서 $1 > \dfrac{8}{15}$ 이므로

(㉠과 ⓒ의 차)

$= 1 - \dfrac{8}{15} = \dfrac{15}{15} - \dfrac{8}{15} = \dfrac{15-8}{15} = \dfrac{7}{15}$

6 • $\dfrac{10}{13} - \dfrac{4}{13} = \dfrac{10-4}{13} = \dfrac{6}{13}$

• $1 - \dfrac{8}{13} = \dfrac{13}{13} - \dfrac{8}{13} = \dfrac{13-8}{13} = \dfrac{5}{13}$

따라서 $\dfrac{6}{13} > \dfrac{5}{13}$ 이므로 계산 결과가 더 큰

식은 $\dfrac{10}{13} - \dfrac{4}{13}$ 입니다.

참고 분모가 같은 분수는 분자가 클수록 큰 분수입니다.

7 (선우 어머니가 사용하고 남은 간장의 양)
= (전체 간장의 양) − (사용한 간장의 양)
$$= \frac{9}{10} - \frac{3}{10} = \frac{6}{10} \text{ (L)}$$

22 일차

1 **(1)** 1, 1, 1 **(2)** 1, 3, 1, 3
(3) 2, 4, 2, 4
(4) $4\frac{10}{12} - 2\frac{5}{12} = 2 + \frac{5}{12} = 2\frac{5}{12}$

2 **(1)** 4, 4, 1, 1
(2) 19, 13, 6, 1, 1
(3) 29, 13, 16, 2, 4
(4) $5\frac{7}{10} - 2\frac{2}{10} = \frac{57}{10} - \frac{22}{10}$
$= \frac{35}{10} = 3\frac{5}{10}$

1 **(1)** 9, 7 / 9, 7, 2
(2) 11, 5 / 11, 5, 6, 1, 2

2 **(1)** $\frac{2}{7}$ **(2)** $2\frac{2}{5}$
(3) $1\frac{1}{8}$ **(4)** $3\frac{5}{9}$
(5) $5\frac{6}{11}$ **(6)** $4\frac{6}{15}$

3 $3\frac{7}{9} - 3\frac{3}{9} = 1\frac{4}{9}$에 ✕표

4 $5\frac{5}{7} - 4\frac{2}{7}$에 색칠

5 **(1)** $\frac{1}{4}$ **(2)** $4\frac{2}{12}$

6 =

7 $142\frac{5}{8} - 137\frac{1}{8} = 5\frac{4}{8}$ / $5\frac{4}{8}$

2 **(1)** $2\frac{6}{7} - 2\frac{4}{7} = \frac{2}{7}$
(2) $3\frac{3}{5} - 1\frac{1}{5} = 2 + \frac{2}{5} = 2\frac{2}{5}$
(3) $4\frac{3}{8} - 3\frac{2}{8} = 1 + \frac{1}{8} = 1\frac{1}{8}$
(4) $5\frac{7}{9} - 2\frac{2}{9} = 3 + \frac{5}{9} = 3\frac{5}{9}$
(5) $6\frac{9}{11} - 1\frac{3}{11} = 5 + \frac{6}{11} = 5\frac{6}{11}$
(6) $8\frac{13}{15} - 4\frac{7}{15} = 4 + \frac{6}{15} = 4\frac{6}{15}$

3 • $2\frac{5}{6} - 1\frac{2}{6} = 1 + \frac{3}{6} = 1\frac{3}{6}$
• $3\frac{7}{9} - 3\frac{3}{9} = \frac{4}{9}$
따라서 잘못 계산한 식은
$3\frac{7}{9} - 3\frac{3}{9} = 1\frac{4}{9}$입니다.

4 • $3\frac{4}{7} - 1\frac{1}{7} = 2 + \frac{3}{7} = 2\frac{3}{7}$
• $4\frac{6}{7} - 3\frac{2}{7} = 1 + \frac{4}{7} = 1\frac{4}{7}$
• $5\frac{5}{7} - 4\frac{2}{7} = 1 + \frac{3}{7} = 1\frac{3}{7}$

5 **(1)** $5\frac{2}{4} > 5\frac{1}{4}$이므로 두 분수의 차는
$5\frac{2}{4} - 5\frac{1}{4} = \frac{1}{4}$입니다.
(2) $3\frac{5}{12} < 7\frac{7}{12}$이므로 두 분수의 차는
$7\frac{7}{12} - 3\frac{5}{12} = 4 + \frac{2}{12} = 4\frac{2}{12}$입니다.

6 • $5\frac{17}{20} - 2\frac{9}{20} = 3 + \frac{8}{20} = 3\frac{8}{20}$
• $7\frac{13}{20} - 4\frac{5}{20} = 3 + \frac{8}{20} = 3\frac{8}{20}$
➡ $3\frac{8}{20} = 3\frac{8}{20}$

참고 분모가 같은 대분수는 먼저 자연수의 크기를 비교하고 자연수의 크기가 같으면 분자의 크기를 비교합니다.

7 (민하의 키)−(지혁이의 키)

$$=142\frac{5}{8}-137\frac{1}{8}$$

$$=5+\frac{4}{8}=5\frac{4}{8}\ (cm)$$

23 일차

개념 확인　　　　　　　　98~99쪽

1 **(1)** 1, 1　　　　　　**(2)** 5, 3, 3

　　(3) 4, 7, 1, 6, 1, 6

　　(4) $6-2\frac{2}{10}=5\frac{10}{10}-2\frac{2}{10}$

$$=3+\frac{8}{10}=3\frac{8}{10}$$

2 **(1)** 4, 1

　　(2) 16, 11, 5, 1, 1

　　(3) 18, 10, 8, 1, 2

　　(4) $5-2\frac{4}{9}=\frac{45}{9}-\frac{22}{9}$

$$=\frac{23}{9}=2\frac{5}{9}$$

기본 다지기　　　　　　　100~101쪽

1 **(1)** 14, 12 / 14, 12, 2

　　(2) 15, 9 / 15, 9, 6, 1, 1

2 **(1)** $\frac{5}{6}$　　　　　　　**(2)** $1\frac{1}{3}$

　　(3) $3\frac{3}{8}$　　　　　　　**(4)** $2\frac{5}{7}$

　　(5) $3\frac{1}{4}$　　　　　　　**(6)** $6\frac{2}{9}$

3 진호　　　　　　**4** $2\frac{1}{8}$ / $\frac{4}{9}$

5 (　)(○)(　)

6 3, 2, 1

7 $12-3\frac{4}{7}=8\frac{3}{7}$ / $8\frac{3}{7}$

2 **(1)** $2-1\frac{1}{6}=1\frac{6}{6}-1\frac{1}{6}=\frac{5}{6}$

　　(2) $4-2\frac{2}{3}=3\frac{3}{3}-2\frac{2}{3}=1+\frac{1}{3}=1\frac{1}{3}$

　　(3) $5-1\frac{5}{8}=4\frac{8}{8}-1\frac{5}{8}=3+\frac{3}{8}=3\frac{3}{8}$

　　(4) $7-4\frac{2}{7}=6\frac{7}{7}-4\frac{2}{7}=2+\frac{5}{7}=2\frac{5}{7}$

　　(5) $8-4\frac{3}{4}=7\frac{4}{4}-4\frac{3}{4}=3+\frac{1}{4}=3\frac{1}{4}$

　　(6) $10-3\frac{7}{9}=9\frac{9}{9}-3\frac{7}{9}=6+\frac{2}{9}=6\frac{2}{9}$

3 고은: $3-1\frac{3}{6}=2\frac{6}{6}-1\frac{3}{6}$

$$=1+\frac{3}{6}=1\frac{3}{6}$$

　　진호: $4-2\frac{4}{9}=3\frac{9}{9}-2\frac{4}{9}$

$$=1+\frac{5}{9}=1\frac{5}{9}$$

따라서 바르게 계산한 친구는 진호입니다.

4 • $5-2\frac{7}{8}=4\frac{8}{8}-2\frac{7}{8}=2+\frac{1}{8}=2\frac{1}{8}$

　　• $5-4\frac{5}{9}=4\frac{9}{9}-4\frac{5}{9}=\frac{4}{9}$

5 • $4-1\frac{3}{8}$에서 $4-1=3$이고 3에서 $\frac{3}{8}$을 더 빼야 하므로 계산 결과는 2보다 크고 3보다 작습니다.

　　• $8-4\frac{5}{6}$에서 $8-4=4$이고 4에서 $\frac{5}{6}$를 더 빼야 하므로 계산 결과는 3보다 크고 4보다 작습니다.

　　• $6-3\frac{2}{5}$에서 $6-3=3$이고 3에서 $\frac{2}{5}$를 더 빼야 하므로 계산 결과는 2보다 크고 3보다 작습니다.

따라서 어림한 결과가 3보다 크고 4보다 작은 뺄셈식은 $8-4\frac{5}{6}$입니다.

6 • $6-2\frac{2}{5}=5\frac{5}{5}-2\frac{2}{5}=3+\frac{3}{5}=3\frac{3}{5}$

　　• $7-1\frac{4}{5}=6\frac{5}{5}-1\frac{4}{5}=5+\frac{1}{5}=5\frac{1}{5}$

　　• $9-3\frac{1}{5}=8\frac{5}{5}-3\frac{1}{5}=5+\frac{4}{5}=5\frac{4}{5}$

$$\rightarrow 5\frac{4}{5} > 5\frac{1}{5} > 3\frac{3}{5}$$

7 (남은 딸기의 양)
 ＝(전체 딸기의 양)
   －(이웃에게 나누어 준 딸기의 양)
$$=12-3\frac{4}{7}=11\frac{7}{7}-3\frac{4}{7}$$
$$=8+\frac{3}{7}=8\frac{3}{7} \text{ (kg)}$$

24 일차

102~103쪽

개념 확인

1 (1) 3
 (2) 8, 1, 5, 1, 5
 (3) 3, 11, 1, 5, 1, 5
 (4) $6\frac{5}{12}-3\frac{8}{12}=5\frac{17}{12}-3\frac{8}{12}$
   $\qquad =2+\frac{9}{12}=2\frac{9}{12}$

2 (1) 7, 2
 (2) 17, 9, 8, 1, 3
 (3) 35, 21, 14, 1, 6
 (4) $5\frac{6}{10}-2\frac{9}{10}=\frac{56}{10}-\frac{29}{10}$
   $\qquad =\frac{27}{10}=2\frac{7}{10}$

기본 다지기

104~105쪽

1 (1) 13, 9 / 13, 9, 4
 (2) 19, 11 / 19, 11, 8, 1, 2

2 (1) $\frac{2}{4}$
 (2) $2\frac{2}{6}$
 (3) $1\frac{6}{8}$
 (4) $3\frac{8}{9}$
 (5) $2\frac{5}{10}$
 (6) $3\frac{11}{15}$

3 (1) $\frac{4}{5}$
 (2) $5\frac{6}{12}$

4

5 (1) $\frac{6}{8}$
 (2) $2\frac{7}{11}$

6 $6\frac{3}{8}-3\frac{5}{8}$에 색칠

7 $6\frac{2}{9}-4\frac{5}{9}=1\frac{6}{9}$ / $1\frac{6}{9}$

2 (1) $3\frac{1}{4}-2\frac{3}{4}=2\frac{5}{4}-2\frac{3}{4}=\frac{2}{4}$
 (2) $4\frac{1}{6}-1\frac{5}{6}=3\frac{7}{6}-1\frac{5}{6}$
   $\qquad =2+\frac{2}{6}=2\frac{2}{6}$
 (3) $5\frac{5}{8}-3\frac{7}{8}=4\frac{13}{8}-3\frac{7}{8}$
   $\qquad =1+\frac{6}{8}=1\frac{6}{8}$
 (4) $6\frac{7}{9}-2\frac{8}{9}=5\frac{16}{9}-2\frac{8}{9}$
   $\qquad =3+\frac{8}{9}=3\frac{8}{9}$
 (5) $7\frac{3}{10}-4\frac{8}{10}=6\frac{13}{10}-4\frac{8}{10}$
   $\qquad =2+\frac{5}{10}=2\frac{5}{10}$
 (6) $9\frac{4}{15}-5\frac{8}{15}=8\frac{19}{15}-5\frac{8}{15}$
   $\qquad =3+\frac{11}{15}=3\frac{11}{15}$

3 (1) $4\frac{2}{5}-3\frac{3}{5}=3\frac{7}{5}-3\frac{3}{5}=\frac{4}{5}$
 (2) $8\frac{1}{12}-2\frac{7}{12}=7\frac{13}{12}-2\frac{7}{12}$
   $\qquad =5+\frac{6}{12}=5\frac{6}{12}$

4 · $4\frac{1}{7}-1\frac{5}{7}=3\frac{8}{7}-1\frac{5}{7}$
   $\qquad =2+\frac{3}{7}=2\frac{3}{7}$
 · $8\frac{3}{7}-5\frac{6}{7}=7\frac{10}{7}-5\frac{6}{7}$
   $\qquad =2+\frac{4}{7}=2\frac{4}{7}$
 · $7\frac{2}{7}-3\frac{6}{7}=6\frac{9}{7}-3\frac{6}{7}$
   $\qquad =3+\frac{3}{7}=3\frac{3}{7}$

5 **(1)** $1\frac{7}{8} < 2\frac{5}{8}$ 이므로 두 분수의 차는

$2\frac{5}{8} - 1\frac{7}{8} = 1\frac{13}{8} - 1\frac{7}{8} = \frac{6}{8}$ 입니다.

(2) $5\frac{2}{11} > 2\frac{6}{11}$ 이므로 두 분수의 차는

$5\frac{2}{11} - 2\frac{6}{11} = 4\frac{13}{11} - 2\frac{6}{11}$

$= 2 + \frac{7}{11} = 2\frac{7}{11}$ 입니다.

6 • $7\frac{1}{5} - 5\frac{4}{5} = 6\frac{6}{5} - 5\frac{4}{5}$

$= 1 + \frac{2}{5} = 1\frac{2}{5}$

• $6\frac{3}{8} - 3\frac{5}{8} = 5\frac{11}{8} - 3\frac{5}{8}$

$= 2 + \frac{6}{8} = 2\frac{6}{8}$

• $4\frac{4}{9} - 2\frac{7}{9} = 3\frac{13}{9} - 2\frac{7}{9}$

$= 1 + \frac{6}{9} = 1\frac{6}{9}$

따라서 계산 결과가 2보다 큰 뺄셈식은

$6\frac{3}{8} - 3\frac{5}{8}$ 입니다.

7 (성민이네 강아지의 무게)

ㅡ (윤하네 강아지의 무게)

$= 6\frac{2}{9} - 4\frac{5}{9} = 5\frac{11}{9} - 4\frac{5}{9}$

$= 1 + \frac{6}{9} = 1\frac{6}{9}$ (kg)

마무리하기

106~109쪽

1 5, 3 / 2 / 5, 3, 2

2 방법① $4 - 1\frac{2}{3} = 3\frac{3}{3} - 1\frac{2}{3}$

$= 2 + \frac{1}{3} = 2\frac{1}{3}$

방법② $4 - 1\frac{2}{3} = \frac{12}{3} - \frac{5}{3}$

$= \frac{7}{3} = 2\frac{1}{3}$

3 **(1)** $\frac{3}{9}$ **(2)** $3\frac{2}{5}$

(3) $4\frac{5}{8}$ **(4)** $1\frac{8}{10}$

4 **(1)** $\frac{2}{8}$ **(2)** $\frac{6}{9}$

5 $3\frac{5}{11}$ **6** $2\frac{2}{6}$

7 $4\frac{2}{9} - 3\frac{8}{9}$, $8\frac{4}{6} - 6\frac{5}{6}$ 에 색칠

8 $2\frac{3}{5}$ **9** $5\frac{3}{9}$

10 $5\frac{7}{7} - 2\frac{3}{7} = 3 + \frac{4}{7} = 3\frac{4}{7}$ 에 ◯표 /

예 $6\frac{1}{7} - 2\frac{3}{7} = 5\frac{8}{7} - 2\frac{3}{7}$

$= 3 + \frac{5}{7} = 3\frac{5}{7}$

11 $\frac{3}{8}$, $\frac{2}{8}$ **12** $1\frac{1}{4}$

1 $\frac{5}{7}$ 는 $\frac{1}{7}$ 이 5개, $\frac{3}{7}$ 은 $\frac{1}{7}$ 이 3개이므로

$\frac{5}{7} - \frac{3}{7}$ 은 $\frac{1}{7}$ 이 $5 - 3 = 2$(개)입니다.

➔ $\frac{5}{7} - \frac{3}{7} = \frac{5-3}{7} = \frac{2}{7}$

3 **(1)** $\frac{5}{9} - \frac{2}{9} = \frac{5-2}{9} = \frac{3}{9}$

(2) $6\frac{4}{5} - 3\frac{2}{5} = 3 + \frac{2}{5} = 3\frac{2}{5}$

(3) $7 - 2\frac{3}{8} = 6\frac{8}{8} - 2\frac{3}{8} = 4 + \frac{5}{8} = 4\frac{5}{8}$

(4) $3\frac{5}{10} - 1\frac{7}{10} = 2\frac{15}{10} - 1\frac{7}{10}$

$= 1 + \frac{8}{10} = 1\frac{8}{10}$

4 **(1)** $\frac{7}{8} - \frac{5}{8} = \frac{7-5}{8} = \frac{2}{8}$

(2) $1 - \frac{3}{9} = \frac{9}{9} - \frac{3}{9} = \frac{6}{9}$

5 $\left(5\frac{9}{11} \text{보다 } 2\frac{4}{11} \text{ 더 작은 수} \right)$

$= 5\frac{9}{11} - 2\frac{4}{11} = 3 + \frac{5}{11} = 3\frac{5}{11}$

6 $\square = 5 - 2\frac{4}{6} = 4\frac{6}{6} - 2\frac{4}{6}$

$\qquad = 2 + \frac{2}{6} = 2\frac{2}{6}$

7 · $4\frac{2}{9} - 3\frac{8}{9} = 3\frac{11}{9} - 3\frac{8}{9} = \frac{3}{9}$

· $8\frac{4}{6} - 6\frac{5}{6} = 7\frac{10}{6} - 6\frac{5}{6}$

$\qquad\qquad\qquad = 1 + \frac{5}{6} = 1\frac{5}{6}$

· $7\frac{7}{8} - 4\frac{2}{8} = 3 + \frac{5}{8} = 3\frac{5}{8}$

따라서 계산 결과가 2보다 작은 뺄셈식은

$4\frac{2}{9} - 3\frac{8}{9}$, $8\frac{4}{6} - 6\frac{5}{6}$입니다.

8 (파란색 리본의 길이) $-$ (빨간색 리본의 길이)

$= 5\frac{2}{5} - 2\frac{4}{5} = 4\frac{7}{5} - 2\frac{4}{5}$

$= 2 + \frac{3}{5} = 2\frac{3}{5}$ (m)

9 $7\frac{8}{9} > 3\frac{4}{9} > 2\frac{6}{9} > 2\frac{5}{9}$이므로 가장 큰 분

수는 $7\frac{8}{9}$, 가장 작은 분수는 $2\frac{5}{9}$입니다.

따라서 가장 큰 분수와 가장 작은 분수의 차는

$7\frac{8}{9} - 2\frac{5}{9} = 5 + \frac{3}{9} = 5\frac{3}{9}$입니다.

10 진분수 부분끼리 뺄 수 없으므로 자연수에서 1만큼을 빌려와 자연수 부분끼리, 분수 부분끼리 뺍니다.

11 분모가 8인 두 진분수를 $\frac{\blacksquare}{8}$, $\frac{\blacktriangle}{8}$라 하고

$\frac{\blacksquare}{8} > \frac{\blacktriangle}{8}$이면 $\frac{\blacksquare}{8} + \frac{\blacktriangle}{8} = \frac{5}{8}$,

$\frac{\blacksquare}{8} - \frac{\blacktriangle}{8} = \frac{1}{8}$입니다.

따라서 두 진분수는 $\frac{3}{8}$, $\frac{2}{8}$입니다.

12 (사용한 사과의 양)

$\quad$ = (잼을 만드는 데 사용한 사과의 양)

$\qquad$ + (주스를 만드는 데 사용한 사과의 양)

$= 3\frac{1}{4} + 4\frac{2}{4} = 7 + \frac{3}{4} = 7\frac{3}{4}$ (kg)

(남은 사과의 양)

$\quad$ = (민아와 동생이 딴 사과의 양)

$\qquad$ - (사용한 사과의 양)

$= 9 - 7\frac{3}{4} = 8\frac{4}{4} - 7\frac{3}{4}$

$= 1 + \frac{1}{4} = 1\frac{1}{4}$ (kg)

FUN!
PUZZLE!
LEARN!

퍼즐런

사자성어, 속담, 맞춤법(총3책)

초등 필수 어휘를 퍼즐 학습으로 재미있게 배우자!

● 하루에 4개씩 25일 완성으로 집중력 UP!

● 다양한 게임 퍼즐과 쓰기 퍼즐로 기억력 UP!

● 생활 속 상황과 예문으로 문해력의 바탕 어휘력 UP!

하루 한장 쏙셈 분수

1권

초등학교 3~4학년

www.mirae-n.com

학습하다가 이해되지 않는 부분이나 정오표 등의
궁금한 사항이 있나요?
미래엔 홈페이지에서 해결해 드립니다.

교재 내용 문의

나의 교재 문의 | 수학 과외쌤 | 자주하는 질문 | 기타 문의

교재 자료 및 정답

동영상 강의 | 쌍둥이 문제 | 정답과 해설 | 정오표

No.1 New Network
http://cafe.naver.com/mathmap

함께해요!
바른 공부법 캠페인

궁금해요!
교재 질문 & 학습 고민 타파

공부해요!
미래엔 에듀 초·중등 교재

참여해요!
선물이 마구 쏟아지는 이벤트

초등학교

학년   반   이름

초등학교에서 탄탄하게 닦아 놓은
공부력이 중·고등 학습의 실력을 가릅니다.

하루한장 쏙셈

쏙셈 시작편
초등학교 입학 전 연산 시작하기
[2책] 수 세기, 셈하기

쏙셈
교과서에 따른 수·연산·도형·측정까지 계산력 향상하기
[12책] 1~6학년 학기별

창의력 쏙셈
문장제 문제부터 창의·사고력 문제까지 수학 역량 키우기
[12책] 1~6학년 학기별

쏙셈 분수·소수
3~6학년 분수·소수의 개념과 연산·원리를 집중 훈련하기
[분수 2책, 소수 2책] 1~2권

하루한장 한자

그림 연상 한자로 교과서 어휘를 익히고 급수 시험까지 대비하기
[총12책] 1~6학년 학기별

하루한장 ENGLISH BITE

ENGLISH BITE 알파벳 쓰기
알파벳을 보고 듣고 따라쓰며 읽기·쓰기 한 번에 끝내기
[1책]

ENGLISH BITE 파닉스
자음과 모음 결합 과정의 발음 규칙 학습으로
영어 단어 읽기 완성
[2책] 자음과 모음, 이중자음과 이중모음

ENGLISH BITE 사이트 워드
192개 사이트 워드 학습으로 리딩 자신감 키우기
[2책] 단계별

ENGLISH BITE 영문법
문법 개념 확인 영상과 함께 영문법 기초 실력 다지기
[Starter 2책 , Basic 2책] 3~6학년 단계별

ENGLISH BITE 영단어
초등 영어 교육과정의 학년별 필수 영단어를
다양한 활동으로 익히기
[4책] 3~6학년 단계별

하루한장 한국사

큰별★쌤 최태성의 한국사
최태성 선생님의 재미있는 강의와 시각 자료로
역사의 흐름과 사건을 이해하기
[3책] 3~6학년 시대별

개념과 **연산 원리**를 집중하여
한 번에 잡는 **쏙셈 영역 학습서**

하루 한장 쏙셈
분수·소수 시리즈

하루 한장 쏙셈 분수·소수 시리즈는
학년별로 흩어져 있는 분수·소수의 개념을
연결하여 집중적으로 학습하고,
재미있게 연산 원리를 깨치게 합니다.

하루 한장 쏙셈 분수·소수 시리즈로
초등학교 분수, 소수의 탁월한 감각을 기르고,
중학교 수학에서도 자신있게 실력을 발휘해 보세요.

APP 다운로드

스마트 학습 서비스 맛보기
분수와 소수의 원리를
직접 조작하며 익혀요!

분수 1권
초등학교 3~4학년

> 분수의 뜻

> 단위분수, 진분수, 가분수, 대분수

> 분수의 크기 비교

> 분모가 같은 분수의 덧셈과 뺄셈

⋮

3학년 1학기_분수와 소수
3학년 2학기_분수
4학년 2학기_분수의 덧셈과 뺄셈